马克思恩格斯
关于科技发展对自然环境
影响的思想研究

王建东　著

MAKESI ENGESI
GUANYU KEJI FAZHAN DUI ZIRAN HUANJING
YINGXIANG DE SIXIANG YANJIU

知识产权出版社
全国百佳图书出版单位
——北京——

图书在版编目（CIP）数据

马克思恩格斯关于科技发展对自然环境影响的思想研究/王建东著. —北京：知识产权出版社，2025.1. —ISBN 978 - 7 - 5130 - 9668 - 3

Ⅰ. A811. 694

中国国家版本馆 CIP 数据核字第 2024JT2772 号

责任编辑：罗　慧　　　　　　　　责任校对：潘凤越

封面设计：乾达艺术　　　　　　　责任印制：刘译文

马克思恩格斯关于科技发展对自然环境影响的思想研究

王建东　著

出版发行：知识产权出版社 有限责任公司	网　　址：http://www.ipph.cn
社　　址：北京市海淀区气象路 50 号院	邮　　编：100081
责编电话：010 - 82000860 转 8343	责编邮箱：lhy734@126.com
发行电话：010 - 82000860 转 8101/8102	发行传真：010 - 82000893/82005070/82000270
印　　刷：三河市国英印务有限公司	经　　销：新华书店、各大网上书店及相关专业书店
开　　本：720mm×1000mm　1/16	印　　张：16.25
版　　次：2025 年 1 月第 1 版	印　　次：2025 年 1 月第 1 次印刷
字　　数：246 千字	定　　价：88.00 元

ISBN 978 - 7 - 5130 - 9668 - 3

前　言

本书主要由绪论部分、主体部分和结语部分组成。

绪论部分着重阐明本书的缘起与意义，整理并归纳当前国内外已取得的有关研究成果，从而为本书的进一步研究奠定坚实的基础。在对相关概念进行界定的基础上，绪论介绍了本书的研究方法和创新之处。

主体部分共分为六章，分别从主要概述、影响内容、继承与发展、时代启示等方面将马克思恩格斯关于科技发展对自然环境影响的思想予以全景式分析与探讨。

第一章"马克思恩格斯关于科技发展对自然环境影响思想的概述"。第一，在资本主义技术革命的基础上，资本主义大工业引发严重的环境问题为马克思恩格斯提供了现实诉求。一是资本主义两次技术革命的产生，二是欧洲主要资本主义国家基本确立的以机器为主的大工业生产方式引发严重的环境问题，两者构成了马克思恩格斯思考相关问题的现实背景。第二，近代自然科学理论、李比希农业化学理论、摩尔根技术利用自然资源理论构成了马克思恩格斯关于科技发展对自然环境影响思想的主要思想来源。一是近代自然科学理论的不断发展，促使人类对自然的认识不断深入，马克思恩格斯十分重视自然科学的发展对于人类正确认识自然的重要作用；二是李比希的农业化学理论，提出了著名的"归还定律"，为马克思恩格斯提出物质循环断裂理论提供了直接的思想来源；三是摩尔根的技术利用自然资源理论，充分肯定了技术的发展为人类战胜对自然的恐惧、实现对自然资源利用发挥的重要作用，为马克思恩格斯提供了重要的理论资源。第三，马克思恩格斯关于科技发展对自然环境影响思想的历史生成分为初步形成、多维发展、整体完善三个阶段：一是在初步形成阶段，马克思恩格斯初步涉及了资本主义科技发展对自然环境不利影响的深刻批判以及科技发展对自然环境有利影响的阐释两个方面；二是在多维发展阶段，马克思恩格斯充实和深化了对原有的认识，并为思想后续的发展深化奠定了良好的基础；三是在整体完善阶段，马克思恩格斯相关思想的理论运动呈现出纵向深化和横向扩展的特点。第四，马克思恩格斯关于科技发展对自然环境影响思想的主要特征有四点：一是严谨的科学性，二是彻底的批判性，三是鲜明的实践性，四是深厚的人文性。

第二章"马克思恩格斯关于科技发展对自然环境有利影响的分析"，内容分为三个部分。第一，科技发展对自然环境有利影响的主要表现：一是深化对自然的认识和应用，科技发展加强人对自然的认识，帮助人形成唯物辩证的自然观，同时加强人对自然力的应用，提高劳动生产率；二是改良土地，科技发展改良土地具有必要性，主要表现在提升原有耕地的肥力，使较难耕作的劣等地变为可用耕地，开垦新的耕地；三是节约生产资料，科技发展能实现对劳动资料的节约，例如生产工具、厂房、仓库的节约，劳动对象的节约，以及生产原料、动力燃料、辅助材料的节约。第二，科技发展对自然环境有利影响的制度辨析：一是前资本主义科技发展对自然环境的弱影响；二是资本主义科技发展对自然环境的影响利弊共存；三是共产主义科技发展对自然环境的有利影响。第三，科技发展对自然环境有利影响的价值旨向：一是自然的解放与人的解放及其辩证关系，自然的解放与人的解放互为前提、互相促进；二是实现自然的解放基础上的人的解放。科技发展是人的解放的现实条件，自然科学是关于人的解放的科学，科技对自然的认识和应用有助于实现人类的自由，有助于解放人的劳动力。

第三章"马克思恩格斯关于科技发展对自然环境不利影响的分析"，内容分为三个部分。第一，马克思恩格斯关于科技发展对自然环境不利影响的现象揭露。这些现象包括：一是空气污染，资本主义大工业普遍应用机器燃烧大量煤炭的生产方式以及无产阶级密集的生活方式造成空气质量下降；二是河流污染，城市工厂把所有的水都变成了臭气熏天的污水；三是土地肥力下降，资本主义农业不断获得的发展，都是以牺牲耕作的农民以及原本肥沃的土地为代价的；四是森林破坏，资本家更加倾向于直接砍伐树木而不是种植林木，从而导致大面积森林被破坏，同时给自然界带来诸多连锁反应。第二，马克思恩格斯关于科技发展对自然环境不利影响的原因揭示：一是科技发展本身不是原因，二是科技的资本主义应用是根本原因。第三，马克思恩格斯关于科技发展对自然环境不利影响的价值批判：一是科技发展导致无产阶级与自然的分离，二是无产阶级遭受伤害，表现为疾病多发、高死亡率和道德滑坡。

第四章"马克思恩格斯关于科技发展对自然环境影响思想在西方的发展"，内容分为三个部分。第一，科技发展破坏自然环境的制度批判：一是科技发展服务于资本主义意识形态，二是科技发展服务于资本主义资本积累。第二，科技发展破坏自然环境的价值观念剖析：一是"技术理性"的价值观念，二是"控制自然"的价值观念。第三，科技发展的审视与转向：一是科技发展的民主化审视，二是科技发展的自然之美审视，三是科技发展的分散化转向。

第五章"马克思恩格斯关于科技发展对自然环境影响思想在中国的发展"，从两个阶段予以分析。第一，党的十八大以前中国共产党关于科技发展对自然环境影响的思想：一是科技发展有利于摆脱对自然的迷信，二是科技发展有利于提高对自然的应用，三是科技发展有利于加强环境污染的治理。第二，党的十八大以来中国共产党关于科技发展对自然环境影响的重要论述：一是科技发展立足于解决生态环境问题，二是科技发展着眼于推动人类社会绿色发展，三是科技发展趋向于生态化。

第六章"马克思恩格斯关于科技发展对自然环境影响思想的时代启示"，从五个方面予以论述。第一，科技创新推进生态文明建设要以中国特色社会主义制度为根本保障：一是党对政府的领导的组织保障，二是以人民为中心的思想保障，三是集中力量办大事的制度保障。第二，科技创新推进生态文明建设要以人民群众生态需求为价值旨向：一是满足人民群众生态享有需求，二是满足人民群众生态实践需求。第三，科技创新推进生态文明建设要以利用与限制资本为基本原则：一是要充分利用资本，二是要在一定程度上限制资本。第四，科技创新推进生态文明建设要以绿色科技为重要手段：一是绿色科技是对传统科技的反思和超越，二是要以绿色科技创新为内在动力，以绿色科技人才为根本保障。第五，科技创新推进生态文明建设要以城乡循环经济为关键所在：一是构建城乡循环经济技术体系，二是完善城乡循环经济技术市场，三是强化城乡循环经济技术监管和保障。

结语部分对马克思恩格斯关于科技发展对自然环境影响的思想进行了总结。在中国特色社会主义进入新时代的今天，生态文明建设必须长期坚持马克思恩格斯关于科技发展对自然环境影响的思想，从而为我国依靠科技高效推进生态文明建设提供坚实的理论支撑，同时，实现马克思恩格斯相关思想的中国化发展，特别是要以习近平生态文明思想的重要论述为指导，更好实现美丽中国建设。

目　录

绪　论

一、本书选题缘起与意义

（一）本书选题缘起

本书论题的选取是重点根据理论层面和现实层面的思索而决定的。理论层面是为了促进学界相关理论的进一步深入研究，具体涉及西方学界"科技乐观论"和"科技悲观论"之争的回应，以及国内学界对马克思恩格斯如何看待科技发展对自然环境影响的研究系统化。现实层面是为了回应我国现代化进程中加快生态文明建设的时代要求，以及我国科技发展导致的生态环境问题亟待解决的需要。

1. 理论层面

一是回应西方学界"科技乐观论"和"科技悲观论"之争。关于科技发展对自然环境的影响，在当代西方绿色思潮中存在两种对立的观点，即科技悲观论和科技乐观论。科技悲观论认为科技发展是生态危机产生的原因，科技发展加剧了人与自然之间的紧张关系，解决问题的关键在于放弃科技的发展，要求人类退回到前科技的时代。持此种观点的是西方绿色思潮中的"深绿"思潮，其代表人物主要有亨利·戴维·梭罗（Henry David Thoreau）、奥尔多·利奥波德（Aldo Leopold）、弗里特乔夫·卡普拉（Fritjof Capra）、霍尔姆斯·罗尔斯顿（Holmes Rolston）等。与此相反，科技乐观论认为随着科技的不断进步，资本主义工业化进程中产生的生态问题都可以得到解决，要充分相信科技的重要力量。持此种观点的是西方绿色思潮中的"浅绿"思潮，例如，西方的早期代表人物约瑟夫·胡伯（Joseph Huber）认为，技术创新在社会新陈代谢中有重要的作用，并认为这是产生生态转型的根本。又如亚瑟·摩尔

（Arthur Mol）认为，在自然环境领域，科技的发展已呈现了两种态势：一是技术的发展已经不再局限于污染治理方面，而是更加侧重于清洁生产方面；二是技术的发展已经不再局限于单个技术本身，而是更加侧重于社会—技术体系的整体普遍发展。因此，在这种争论不休的境况之下，需要回归经典，系统分析和阐释马克思恩格斯关于科技发展对自然环境影响思想的相关内容。

二是关于国内学界对马克思恩格斯如何看待科技发展对自然环境影响的研究系统化。生态文明建设自提出以来，一直受到社会各界的广泛关注，学界的相关研究成果颇为丰硕，其中关于马克思恩格斯的生态思想的研究最为突出。在此基础上，学者们还围绕马克思恩格斯科技思想中是否具有生态意蕴、马克思恩格斯如何看待科技发展造成生态危机、马克思恩格斯如何看待科技发展在解决生态危机中发挥的作用等几个议题进行了深入研究。但是，相对于已有的研究成果，目前仍然存在许多值得进一步研究的空间和必要。这主要表现在如下几个方面：第一，关于马克思恩格斯如何看待科技发展对自然环境影响的研究缺乏系统化；第二，关于马克思恩格斯如何看待科技发展对自然环境影响的研究缺少理论评鉴和历史维度的观照；第三，关于马克思恩格斯如何看待科技发展对自然环境影响的时代启示还缺少发掘。通过上述三个方面的考量，本书拟以"马克思恩格斯关于科技发展对自然环境影响的思想"为研究对象，力图通过思想的现实背景、来源、发展历程、主要特点、影响内容、继承和发展、时代启示等方面的系统研究，揭示马克思恩格斯关于科技发展对自然环境影响的整体脉络。

2. 现实层面

一是关于我国现代化进程中加快推进生态文明建设的时代要求的需要。现如今，伴随中国式现代化建设的持续高效推进，生态文明建设作为重要的一环，被寄予了很高的期望。党的十八大以来，国家对生态文明建设尤为重视，先后出台了一系列重要的生态文明建设政策和法律法规，如《中共中央 国务院关于加快推进生态文明建设的意见》《生态文明体制改革总体方案》《中华人民共和国土壤污染防治法》《中华人民共和国环境保护税法》等。党的十九大报告明确提出"坚持人与自然和谐共生。建设生态文明是中华民族永续发展的千年大计"。党的二十大报告提出，中国式现代化是人与自然和谐共生的现代化，人与自然是生命共同体，无止境地向自然索取甚至破坏自然必然会遭到大自然的报复。

实现美丽中国的目标，建设生态文明的现代化，离不开科技的推动作用。习近平总书记从国家发展战略的高度，提出要充分发挥科技创新的支撑效用，才能更好地推进生态文明建设。面对复杂的生态环境难题，适逢新一轮科技革命和产业变革的到来，人们应该如何看待科技的发展在生态文明建设中的重要作用呢？这就要求我们回到马克思主义经典作家，立足于马克思恩格斯关于科技发展对自然环境影响的思想，指导我国现代化进程中科技创新推进生态文明建设的实践。

二是关于我国科技发展导致的生态环境问题亟待解决的需要。近代以来，科技的飞跃为社会的发展提供了巨大的推动作用，但当人类陶醉于科技水平的提升使人类认识自然、改造自然的能力不断提升的同时，科技飞跃的负面效应也日益凸显。改革开放以来的较长时间内，我国粗放型经济增长方式决定了在经济增长的同时也造成了严重的自然环境破坏。

科技发展为人类带来了严峻的生态环境问题，但科技也是解决生态环境问题的重要手段。目前，我国能源技术革命成绩显著，已经跃居世界前列。但是，我国必须仍将长期重视问题的紧迫性，在科技推进生态文明建设领域仍然有很长的路要走。改革开放以来，我国主要依赖于资源、劳动力、资本等要素投入支持经济的高速增长，如今看来，这些要素已经发生了较大的变化，再走原来的发展模式，资源环境难以承受。同时，我国拥有十四亿多人口，如果要实现生态良好的现代化，资源还是严重匮乏的。既然不能继续走老路，就需要依靠科技创新实现发展模式的转变，开拓一条新路。因此，加快生态文明建设，实现社会的绿色发展，必须依靠科技的力量，也就是要求实现科技的发展和生态学规律的融合，以生态学规律指导科技创新，引导科技向有益于资源节约、环境保护的方向发展。但是，如何在依靠科技发展推动经济稳态发展的同时降低对自然环境的破坏，是当前生态文明建设遇到的难题之一。因此，我们需要以马克思恩格斯的世界观、方法论为基本遵循，深入钻研马克思恩格斯关于科技发展对自然环境影响的思想以破解新时代的生态难题。

（二）本书选题意义

1. 理论意义

一是有助于坚持马克思恩格斯科学理论方向和探索路径，将科技发展方向与生态文明建设问题研究的理论出发点和理论主线回归到马克思恩格斯的分析框架下。马克思恩格斯对其所生活的资本主义时代科技发展对自然环境的影响作出了科学系统的理论阐释，然而长期以来，人们相对忽视了马克思恩格斯生态思想，特别是忽视了他们关于科技发展对自然环境影响思想。本书选题研究有助于从马克思恩格斯等马克思主义经典作家关于科技发展对自然环境影响的科学论述出发，把握其动态发展，辩证地看待其存在的问题及原因，坚持运用马克思恩格斯相关理论指导我国依靠科技推进生态文明建设的实践。

二是有助于构建马克思恩格斯关于科技发展对自然环境影响思想的整体视域，实现对马克思主义的生态文明思想研究的拓展和深化。从"科学技术"这个论域丰富中国特色社会主义生态文明建设的研究谱系，并紧密结合党的二十大精神来提高科技发展对自然环境影响的研究站位，拓宽研究视野，坚持正确的路线和方针。同时，已有的研究侧重于马克思恩格斯科技思想的研究以及生态思想的研究，但实际上，他们的科技思想与生态思想具有内在一致的耦合性。马克思恩格斯深刻批判了资本主义科技发展对自然环境造成的破坏，也系统阐述了科技发展对自然环境的有利影响，构成一个完整的体系。此外，加强对马克思恩格斯关于科技发展对自然环境影响思想在西方及我国的继承发展的研究，有利于构建马克思恩格斯相关思想的整体视域。如何看待科技发展对自然环境的影响是生态文明建设的重要问题，也是马克思恩格斯非常关注的问题，关于这个问题的研究，必将进一步丰富马克思主义的生态文明思想。

2. 实践意义

本书有助于为新时代科技推进生态文明建设实践提供理论指导。马克思恩格斯关于科技发展对自然环境影响的思想，对新时代科技推进生态文明建设具有重要的时代启示，是我国依靠科技推进生态文明建设的理论基础和行动指南。其具体体现在：认识到资本主义制度下科技发展造成自然环境的破坏，从而知如何充分发挥社会主义制度的优越性；认识到科技发展造成无产阶级生态权益的缺失，从而知如何以满足人民群众的生态需求为价值旨归；认识到科技沦为资本积累的工具并成为一种破坏自然的力量，从而知如何利用与限制资本相结合；认识到科技发展对自然环境的重要作用，从而知如何依靠绿色科技为手段；认识到科技发展能够循环利用废料但又造成城乡物质循环断裂，从而知如何实现城乡循环经济协调发展。新时代科技推进生态文明建设必将以马克思恩格斯关于科技发展对自然环境影响的思想为指导，结合中国国情，逐步推进，从根本上缓解经济发展与资源环境之间的矛盾。

二、国内外相关研究现状综述

自 20 世纪 60 年代，卡逊发表的著作《寂静的春天》引发了人们对自然环境问题的极大关注，人们开始反思科技发展对自然环境影响的问题。为此，国内外学者就马克思恩格斯是如何看待科技发展对自然环境影响的问题进行了一系列的探讨，但尚未形成专门论述的著作，论文研究成果也相对较少，主要散见于一些著作和论文之中。

（一）国内的研究动态中比较有代表性的探讨及主要观点

1. 关于马克思恩格斯科技思想中是否具有生态意蕴的探讨

学界普遍认为西方学者针对马克思恩格斯科技思想并不涉及生态维度的指责是错误的，他们的科技思想中内在地包含了生态维度。例如，童美华、陈墀成（2018）指出，马克思恩格斯的科技思想体现了重要的生态关怀，他们认为科技发展有助于培养良好的生态观念，改良土地，发展现代化农业，在生产中提高生产效率并降低废料的排放，进而改善生态环境。❶ 黄威威、秦书生（2010）指出，马克思在许多著作中都含有生态技术的观念，这种观念集中体现在科技并不是导致自然环境问题的根本原因，而是科技的资本主义使用；科技水平的提升，可以提高资源利用率，降低生产废弃物。❷ 解保军（2007）认为，毋庸置疑，马克思的科技观具有突出的生态学价值，科技的不断发展进步，实现生产工艺的改进、生产工具的发明和创造，可以充分利用废弃物，节省原材料的使用，降低污染物的排放，从而更好地保护环境。❸

2. 关于马克思恩格斯如何看待科技发展造成生态危机的探讨

学界普遍认为，马克思恩格斯把生态危机的原因并不是简单归结为科学的发展和技术的使用，根本原因是资本主义制度导致的科技异化。例如，陈秋云、陈墀成（2016）认为，马克思恩格斯提出科技进步推进的资本主义工业化，造成了自然界的物质变换断裂，科技进步扩大了人与自然物质变换的范围，发掘了自然物质新有的特性，提升了人与自然物质变换的速率，而资本主义应用科技的资本逐利本性，进一步加剧了城市与乡村的物质变换断裂，从而引发人类生存的生态危机。❹ 许斗斗（2015）认为，马克思指出科技的资本主义应用加大生产劳动对自然环境的破坏，这是一个人类逐步战胜自然的劳动过程，因此，马克思对资本主义的批判包含了科技对自然环境破坏的批判，只有消灭资本主义私有制才能实现对科技的解放，从而实现人与自然的和解。❺ 吴书林（2011）认为，马克思指出自然作为一种人类本质力量能够得到确认的

❶ 童美华，陈墀成. 马克思恩格斯论科技生态价值的背离与复归［J］. 福建行政学院学报，2018（03）.

❷ 黄威威，秦书生. 马克思恩格斯的生态技术观及其当代价值［J］. 东北大学学报（社会科学版），2010（03）.

❸ 解保军. 马克思科学技术观的生态维度［J］. 马克思主义与现实，2007（02）.

❹ 陈秋云，陈墀成. 论绿色发展中顺应自然的科技路径——马克思恩格斯物质变换的视角［J］. 生态经济，2016（06）.

❺ 许斗斗. 论马克思的生产、技术与生态思想［J］. 马克思主义研究，2015（05）.

存在，以科技为基础的机器大工业体现了人们改造自然界的能力，但马克思已经关注到资产阶级为了获取大量剩余价值而导致技术产生异化的现实，以至于对自然造成大量破坏，自然在技术条件下逐渐失去了自身的丰富性。❶

3. 关于马克思恩格斯如何看待科技发展在解决生态危机中作用的探讨

学界普遍认为马克思恩格斯充分肯定了科技发展对于解决生态问题的重要作用。例如，杨珺（2014）认为，马克思的技术观内在地包含了环境伦理的维度，针对科技异化产生的自然环境难题，马克思提出了"三个超越"的路径，具体包括：超越异化思维，遵循技术的自在尺度，也就是说，技术有自己的发展规律，并不应该受到其他外在因素的控制和操纵；超越经济人思维，科技的发展不应该只是专注于经济效益，更应该关注科技发展的生态效益；超越抽象化思维，也就是马克思批判资本主义制度下的科技，本质上并不是否定科技本身，却是批判摆脱时间空间存在的科技和科技运用。❷ 程平（2011）认为，生态劳动观是马克思劳动观的一个方面，马克思认为人类之所以能够利用自然、与自然进行有效的物质变换，是因为人类在劳动中会充分利用技术工具，这也就表明，要实现合理调整与控制人与自然之间的物质变换过程，只有依靠科技进步才能够完成。❸

4. 关于马克思是否为技术决定论者的相关探讨

相关探讨有如下三类。一是多数学者认为马克思不是技术决定论者。例如，倪瑞华（2010）认为，马克思所理解的技术包括三个方面：观念形式的技术是第一方面，实物形式的技术是第二方面，关系形式的技术是第三方面。那些认为马克思是技术决定论者只是把马克思关于技术的概念简单视为实物形式的技术，这种理解具有片面性，从而导致对马克思的历史唯物主义观的不适当理解。❹ 陈文化、李立生（2001）认为技术决定论是西方社会学的一种理论

❶ 吴书林. 技术视阈下的"人化自然"与"世界"——马克思与海德格尔的比较 [J]. 江西社会科学, 2011（07）.

❷ 杨珺. 马克思技术观的环境伦理尺度 [J]. 理论探索, 2014（03）.

❸ 程平. 价值·技术·制度：马克思生态思想的三重维度及其启示 [J]. 理论与改革, 2011（04）.

❹ 倪瑞华. 论马克思技术观的生态之维 [J]. 中南财经政法大学学报, 2010（02）.

观点，说马克思持有技术决定论的观点其实是一种曲解，之所以会这样，是因为他们把机器、工具等技术手段和劳动资料看成和技术一样的概念，而马克思却从来没有这样认为。[1] 刘立（2003）认为，马克思不是技术决定论者，从马克思对重大历史的解释看，资本主义社会的发展更多地取决于市场，市场的需求引导了技术的发展进程和方向；从马克思的研究方法看，马克思关于技术与社会相互关系的探讨，一直遵循着辩证的思维方法，更加强调二者的相互作用，而不是遵循简单的单向思维方法。[2]

二是部分学者认为马克思是技术决定论者，马克思主义是技术决定论的。例如，臧灿甲（2003）认为，将马克思的技术思想认定是技术决定论，需要追溯马克思技术思想产生的历史背景，是强调在马克思的思想中技术具有非常重要的、基础性的作用，因此马克思的技术决定论并不具有贬义。[3] 李志强（2001）认为，马克思持有技术决定论的观点，强调技术发展对制度变迁的决定性作用，制度的性质被动地随着技术发展而改变。[4]

三是部分学者认为马克思是技术和社会的互动论者。例如，王伯鲁（2017）认为，马克思主义活的灵魂就是辩证法，马克思技术思想是以技术和社会相互作用为基础的，是一种辩证的技术决定论，也可以称为弱技术决定论。一方面，技术对社会发展的决定作用体现在技术进步促进劳动方式变革，技术进步促进生产关系变革，技术进步促进社会变迁；另一方面，社会因素对技术的规约体现在经济需求的牵引、阶级斗争的刺激、地理环境的孕育、文化环境的塑造。[5] 陈昌曙（2012）认为，要判断马克思持有技术决定论的观点，首先得分析技术决定论的本意，技术决定论可以与"经济决定论""生产力决定论"有相近的地位和理解。虽然通常会用到"生产力决定论"的说法，但

[1]　陈文化，李立生. 马克思主义技术观不是"技术决定论"[J]. 科学技术与辩证法，2001（06）.
[2]　刘立. 论马克思不是"技术决定者"[J]. 自然辩证法研究，2003（12）.
[3]　臧灿甲. 马克思之技术哲学基本思想初探——兼谈作为技术决定论的马克思之技术哲学[J]. 自然辩证法通讯，2003（05）.
[4]　李志强. 马克思的制度理论：技术决定论·利益冲突论·产权制度演进论[J]. 生产力研究，2001（01）.
[5]　王伯鲁. 马克思技术决定论思想辨析[J]. 自然辩证法通讯，2017（05）.

不是说生产力必然决定上层建筑。因此，技术决定论可以理解为技术对社会各方面有决定性作用，同时社会各方面又对技术有一定的制约。❶ 牟焕森（2000）认为，马克思的技术决定论是受到社会制约的，一方面，技术在社会发展中具有决定性作用，但不是唯一的影响因素；另一方面，社会的发展会对技术发展的快慢产生影响，二者形成了对立统一的矛盾运动过程。❷

具体到科技发展对自然环境影响的探讨，例如，王汉林、张倩芸（2016）认为，马克思认为科技发展与自然环境在一定程度上是相互影响的，一方面，技术的发展能够对社会产生十分显著的影响，马克思恩格斯十分关注科技发展与自然环境之间的相互作用，认为科技发展对自然环境具有重要的影响，能够促进对自然的探索和改良；另一方面，马克思恩格斯都认为自然条件对科技的发展也有重要的反作用，现实的自然条件对科技发展的走势具有一定的影响。❸ 与此相反，臧灿甲（2003）认为，马克思所理解的技术是一种活动方式、生产方法，技术的发展决定了人与自然关系的发展，一方面，技术的发展程度决定了人对自然的占有程度，另一方面，技术的发展深深影响着人与自然之间的关系。这种关系大体遵循否定之否定的辩证发展，在未来会达成人与自然关系的和解。❹

（二）国外的研究动态中比较有代表性的探讨及主要观点

1. 关于马克思恩格斯科技思想中是否具有生态意蕴的探讨

关于马克思恩格斯科技思想中的生态意蕴，有三种观点。一是马克思恩格斯科技思想中不具有生态意蕴。例如，泰德·本顿（Ted Benton）认为，马克

❶ 陈昌曙. 技术哲学引论［M］. 北京：科学出版社，2012：153.
❷ 牟焕森. 存在"马克思主义的技术决定论"吗？［J］. 自然辩证法研究，2000（09）.
❸ 王汉林，张倩芸. 略论技术的自然形成——基于马克思主义技术—自然观的研究［J］. 扬州大学学报（人文社会科学版），2016（03）.
❹ 臧灿甲. 马克思之技术哲学基本思想初探——兼谈作为技术决定论的马克思之技术哲学［J］. 自然辩证法通讯，2003（05）.

思恩格斯强调，伴随科技的发展，人类可以创造大量的物质财富来满足不断增加的人口的新要求，人类有足够的能力改变自然，技术能够不断摆脱自然的限制，从而更好地控制和支配自然，是一种技术乐观主义，马克思过分高估了科学技术在增加物质财富过程中的能力，忽略了自然的限制，对劳动过程中不可控制的自然条件不予关注，着重强调人对自然的目的性的改造能力。❶ 罗宾·艾克斯丽（Robyn Eckersley）认为，马克思崇尚科技，他毫不关心自然史，对于非人类的苦难问题也没有注意过。马克思希望通过科技的不断发展来提高人类对自然的操纵和控制，只是看到了资本主义生产关系对生态环境的破坏，而没有注意到工业技术对自然造成的破坏。❷

二是马克思恩格斯科技思想中是否具有生态意蕴比较模糊、难以确定。例如，凯特·索普（Kate Soper）认为，一方面，马克思恩格斯颂扬科学技术的力量，这种对科技发展的过分依靠，人类中心主义的对待自然的态度与绿色的可持续性发展、去工业化、再生产、简单地生活、尊敬而又整体地看待自然生态平衡具有直接的冲突。另一方面，马克思恩格斯又用人的自然化以及自然的人化总结人与自然的辩证关系。人类依靠科技充分利用自然资源来满足自己的需求，也就必然使自然界发生变化，使环境本身打上人类的印记；但同时，人也离不开人化自然所创造的物质作为条件，客观存在的创造，也同样制约了人们的需要、感受以及审美。❸

三是马克思恩格斯科技思想中具有生态意蕴。例如，约翰·贝拉米·福斯特（John Bellamy Foster）认为，许多人提出马克思是关于技术的"普罗米修斯主义"，马克思本人都是非常反对的，马克思在批判蒲鲁东的《经济矛盾体制》中有大量相关的论述。马克思的科技思想中具有大量的生态思想，而且

---

❶ Ted Benton. Marxism and Natural Limits：an Ecological Critique and Reconstruction ［J］. New Left Review，1989：51 – 86.

❷ Robyn Eckersley. Socialism and Ecocentrism ［M］. New York and London：The Guilford Press，1996：274 – 275.

❸ Kate Soper. Greening Prometheus：Marxism and Ecology ［M］. New York and London：The Guilford Press，1996：83，88.

相当深刻。马克思认为以科技为基础的资本主义生产方式造成了城市与乡村的日渐分离，这在很大程度上造成了城市与乡村之间物质循环的断裂，从而使得农业中土壤的肥力越来越低。❶ 戴维·佩珀（David Pepper）认为，马克思恩格斯有着丰富的生态观点，其中包括了技术与自然的关系，主张在尊重自然规律的基础上改造自然。越来越多的第一自然转化为第二自然，科学越来越多地发现自然规律，人类才能从自然的束缚中解脱，共产主义社会就能实现这个憧憬。❷ 瑞尼尔·格伦德曼（Reiner Grundmann）认为，马克思虽然有"控制自然"的思想，但这并不代表马克思认为人类可以在对待自然环境方面持有控制、专横的态度，马克思强调在尊重自然规律基础之上对自然的控制。生态问题的出现，正是由于人类对自然控制的程度还不够而导致的。❸

2. 关于马克思恩格斯如何看待科技发展造成生态危机的探讨

关于马克思恩格斯看待科技发展造成生态危机的观点有二。一是马克思恩格斯认为资本主义制度下科技异化是生态危机的原因。例如，戴维·佩珀认为，马克思恩格斯把环境问题归因于以科技为基础的资本主义的生产方式，资本的积累是以生态环境的破坏为代价的，而科技支撑的工业发展加速了这种破坏，把环境成本转嫁给社会和发展中国家。❹ 福斯特认为，马克思强调科技发展引起的资本主义社会大生产必然导致人与自然之间关系的异化，资本家逐利的本性使得生产要素更加集中，物质循环难以为继。资本主义条件下，随着科学技术的不断发展，人类并没有满足于基本生活需要的商品，而是为了创造越来越多的利润进行大量的商品生产，使得商品的使用价值从属于交换价值，激起并满足了人类虚浮的欲望和消费。所以说，生态危机源于科技在资本主义条件下的不合理使用，把生态危机问题解决的希望寄托在科技进步是没有意义

❶ ［美］约翰·贝拉米·福斯特. 马克思的生态学——唯物主义与自然［M］. 刘仁胜, 肖峰, 译. 北京：高等教育出版社, 2006：12, 172.
❷ ［英］戴维·佩珀. 生态社会主义：从深生态学到社会正义［M］. 刘颖, 译. 济南：山东大学出版社, 2005：339.
❸ Reiner Grundmann. Marxism and Ecology［M］. UK：Oxford University Press, 1991：15.
❹ ［英］戴维·佩珀. 生态社会主义：从深生态学到社会正义［M］. 刘颖, 译. 济南：山东大学出版社, 2005：35.

的，这只能对整个社会的生产、消费以及对自然的剥夺进行升级。因此，生态危机的解决在于改变现有的社会经济制度。❶

二是马克思恩格斯认为科技自身的发展是生态危机的原因。例如，格伦德曼认为，马克思清楚作为社会形式和人造物的技术之间的不同，根据对马克思哲学的解读，技术必然会造成生态环境的破坏，这是伴随技术的不断发展与生俱来的，是技术的本质决定的，而不是把原因简单归结于某一种社会制度。❷

3. 关于马克思恩格斯如何看待科技解决生态危机的探讨

此方面的观点亦有两点。一是马克思恩格斯认为依靠科技的发展解决生态危机。例如，塔尔科特·帕森斯（Talcott Parsons）认为，在马克思恩格斯看来，科技发展是造成生态问题的一个重要原因，但是实现对生态危机问题的破解，还是要依靠科技本身，要大力推进科技的快速进步。尽管人们对于科技发展造成的负面效应多有微词，但事实上科技的发展是历史的发展规律，也是必然趋势，一定程度上而言，科技进步的状况对生态环境问题的破解至关重要。❸泰德·本顿（Ted Benton）认为，马克思恩格斯都对以科学技术的发展来解决人口问题持有乐观的态度，认为随着科学技术的不断发展推动生产力的快速发展和私有制的消灭，就解决了人口过剩问题，相信科技的进步是解决生态问题的重要依靠。❹

二是马克思恩格斯认为共产主义社会下科技的使用解决生态危机。例如，保罗·柏克特（Paul Burkett）认为，马克思和恩格斯具有一种更加宽广的视域，他们强调实现社会制度的超越，共产主义革命与自然主题相一致，共产主义社会更加关注生态问题，自然科学非常发达。❺ 瑞尼尔·格伦德曼（Reiner Grundmann）认为，马克思深知科技的发展会对人类社会产生一定的不良影

---

❶ [美] 约翰·贝拉米·福斯特. 生态危机与资本主义 [M]. 耿建新，宋兴无，译. 上海：上海译文出版社，2006：95.

❷ 转引自牟焕森. 国外学者视野中的马克思技术哲学思想 [J]. 自然辩证法，2002（02）.

❸ Howard L. Parsons. Marx and Engels on Ecology [M]. London：Greenwood Press，1977：12.

❹ Ted Benton. Marxism and Natural Limits：an Ecological Critique and Reconstruction [J]. New Left Review，1989：51 - 86.

❺ Paul Burkett. Marx and Nature [M]. Hampshire：Macmillan Press，1999：242.

响，但这只是在资本主义社会的阶段性表现，反过来，在共产主义社会条件下，技术就不会再对自然造成破坏。❶

综上所述，国内外相关的研究视角多样，见地深刻，已经从许多方面对马克思恩格斯关于科技发展对自然环境影响的问题进行了初步探讨，这对进一步研究此问题奠定了坚实的基础。但是，与此同时，国内外的相关研究还存在一定的研究空间，在理论研究的纵深上还有待进一步发掘。

就国内研究而言，第一，学界对马克思恩格斯关于科技发展对自然环境影响这一专题的理论探讨缺乏系统性。国内学者虽然已经开始关注马克思恩格斯关于科技发展对自然环境影响的相关思想，但只是涉及其中的某一部分。一方面，相关研究中只涉及马克思科技思想中是否涉及生态维度、马克思如何看待科技是造成生态危机的原因以及科技能否解决生态危机等方面，以致相关理论研究呈现一种"分散化"的趋势。另一方面，相关研究中涉及马克思关于科技发展对自然环境影响思想的研究较多，而对恩格斯相关思想的研究较少，恩格斯长期以来关于科技发展对自然环境造成的影响都有关注，而且论述颇丰，这方面的思想还须进一步完善和补充。

第二，研究中只是对马克思恩格斯关于科技发展对自然环境影响思想的静态研究，并未涉及相关思想在动态层面的发展历程研究。

第三，研究中对中国特色社会主义生态文明迈入新时代的现实观照不足。现有的相关研究更多只涉及理论发掘，较少聚焦于科技创新推进生态文明建设的现实情况，还需要发掘马克思恩格斯关于科技发展对自然环境影响思想的时代启示。

就国外研究而言，学界大多局限在马克思恩格斯科技思想中是否具有生态维度的探讨，争论颇多。此外，这些学者基本都是处于资本主义社会的立场，以偏概全的观点较多，借鉴意义有限。

因此，在前期成果的基础之上，思考目前的研究现状，笔者认为还有进一

---

❶ Reiner Grundmann. Marxism and Ecology［M］. UK：Oxford University Press，1991：51.

步研究的空间和必要。总的看来，还可从以下三个方面做进一步的深入思考和研究。

第一，马克思恩格斯关于科技发展对自然环境影响思想的系统性探讨。已有的研究虽然有所涉及，但没有形成系统性的研究，主要包括马克思恩格斯关于科技发展对自然环境影响思想的现实背景、来源、基本内容、主要特征等。

第二，马克思恩格斯关于科技发展对自然环境影响思想动态发展的探讨。已有的研究主要聚焦于马克思恩格斯相关思想的静态研究，还需要从动态上探讨马克思恩格斯关于科技发展对自然环境影响思想的发展历程，以及在西方、中国的继承发展。

第三，马克思恩格斯关于科技发展对自然环境影响思想的时代启示的探讨。已有的研究主要涉及理论层面的探讨居多，还需要挖掘该思想对我国依靠科技推进生态文明建设的时代启示。

三、相关概念界定

考察马克思恩格斯的科学、技术、自然等相关概念是透视马克思恩格斯关于科技发展对自然环境影响思想的入门环节。在语义上准确辨析相关概念，需要置于概念生成的历史语境，梳理出概念的一般演化过程及其一般含义，再根据马克思恩格斯相关著作中的特殊语境，进行深入准确解读。

（一）科学

"科学"一词源远流长，最早出现于拉丁文"scientia"，之后发展成为英文"science"，德文"wissenschaft"和法文"scientin"，都具有"知识""学问"的含义。日本的科学启蒙大师福泽谕吉（或说是西周）把"science"译为"科学"。在我国，科学的内涵最早可以追溯到《礼记·大学》中的"格物致知"，这里的"知"具有知识的意思，康有为在1893年推介日本的图书时使用了"科学"这一词语。不久之后，严复在《原富》《天演论》中的采用，促使"科学"被广泛使用。从广义上来讲，科学包括自然科学、社会科学和思维科学，它包含了人类探索世界所获得的一切正确的认知。从狭义上来讲，科学仅指自然科学。

科学的概念随着社会的发展进步而不断获得丰富的内涵和外延，大概可以分为三个阶段。第一阶段，科学最早的含义是指知识和知识体系。起初，科学多与哲学相结合使用，如古希腊的泰勒斯、亚里士多德的思想中都包括了天文学、数学、力学等知识。当科学经历过欧洲中世纪的"黑暗时代"之后，随着文艺复兴运动的兴起，近代科学迅速得到发展。培根强调"知识就是力量"的观念，认为科学具有非常强大的控制能力，科学是通过整理材料、由经验归纳出理论而来的知识。

第二阶段，科学的含义并不局限于静态的作为一种结果的知识，人们对它从动态的作为一种过程的知识加以解读。伏尔科夫认为，那种把科学仅仅看作知识的总和，是从静态上看待科学，然而科学还有另外一种属性，从动态上看，科学也意味着一种创造知识的社会活动。❶《世界大百科辞典》中指出，科学是知识的总体和持续不断的认识活动本身。❷

第三阶段，科学的含义是一种社会建制。贝尔纳最早提出这种观点，他认为科学作为有组织的机体的科学建制，是由人民团体采取一定组织关系共同办理社会业务的一种新兴制度。❸ 20 世纪以来，科学的发展已经进入大科学时代，任何试图对科学做一种完美的定义都是徒劳的，关于科学的定义既复杂又在不断发展中，很难用一个定义固定下来，这也是贝尔纳所强调的。

以上关于科学的定义，从多维度阐释了科学的丰富内涵，为界定科学的概念夯实了必要的理论依据。通过对这些定义的研究能够发现，虽然科学概念涉及的范畴有所区别，但都基本包含了"知识"的价值内核。可以得出，"知

❶ 转引自［苏］拉契科夫. 科学学——问题、结构、基本原理［M］. 韩秉成，等译. 北京：科学出版社，1984：37.
❷ 世界大百科辞典（第5卷）［M］. 朴昌权，译. 1976：229.
❸ ［英］约翰·德斯蒙德·贝尔纳. 历史上的科学［M］. 伍况甫，等译. 北京：科学出版社，1959：9.

识"是所有"科学"概念的理论内核，是最核心和重要的部分。根据"科学"概念的理论内核，衍生出它的相关内涵，如"知识的创造过程""知识获得的方法""社会建制"等。在此，可以给"科学"下一个简明的定义：科学（在本书中特指狭义的自然科学），就是人们以一种社会建制的形式，采取一定的方法，研究发现反映自然规律的系统化知识体系。

　　界定了一般的"科学"概念之后，接下来需要详细界定马克思恩格斯的科学概念。他们认为科学是一种潜在的、知识形态的社会生产力，是社会生产实践发展的产物，是自然科学和人的科学的统一。首先，科学是一种潜在的、知识形态的社会生产力。马克思恩格斯多次对此进行了论述。马克思认为随着资本主义大工业的不断发展，社会财富的创造已经不再是单纯依靠消耗大量的劳动量或是劳动时间，一定程度上而言，越来越依靠先进的科学。科学是生产中的一个重要的可变的要素，科学的运动过程可以看成资本积累过程的因素之一。科学作为社会发展的重要成果在生产过程中的应用表现为资本的生产力。可以说，在资本主义社会中，科学的快速发展为技术的发明奠定了基础，促使新的生产方法不断更迭，为此，科学就不仅意味着探索自然的奥秘，而且更重要的是变成了赚取利润的重要工具。其次，科学是社会生产实践发展的产物。在《自然辩证法》中，恩格斯就明确提出"科学的产生和发展一开始就是由生产决定的"❶。众所周知，自从经过了中世纪的漫漫长夜，科学以一种不可思议的势头发展起来，这出乎所有人的意料，这背后要归功于生产的推动作用。正如恩格斯所强调的那样，每一个时代的理论思维，都是一种特定的历史产物，在不同的时代具有不同的形式。最后，科学是自然科学和人的科学的统一。在《1844 年经济学哲学手稿》中，马克思就认为，自然科学往后将包括关于人的科学。人们通常所知道的历史科学分为自然史和人类史，自然史也就是自然科学，它与人类史是紧密联系、不可分割的。

　　基于马克思恩格斯的科学基础理论，参照科学的一般含义，马克思恩格斯

---

❶　马克思，恩格斯. 马克思恩格斯文集（第九卷）[M]. 北京：人民出版社，2009：427.

的"科学"概念可以概括为：科学是人类在社会生产实践基础上产生的能够作为社会潜在生产力的反映自然规律的系统化知识体系。

（二）技术

技术是一个历史悠久的范畴，最早出现于 17 世纪初期英国的"technology"一词，"technology"源于古希腊语的"techne"和"logos"，最初是一个狭义的概念，仅仅是指应用的一种技艺。在我国，最早在《史记·货殖列传》中出现"技术"一词，主要是指技艺方术。

由于技术活动本身处于不断发展的过程，因此人们对于技术概念的认识也是一个不断演变的过程。关于技术概念的认识，主要有如下四种定义：第一，技术是指人的某种能力。如亚里士多德在《修辞学》中多次提到技术一词，认为技术是"制作的智慧"。该定义是对技术一词本意的复归，强调技术是人们在利用自然的过程中拥有的技艺。第二，技术是指科学知识的应用。技术是一个实践的概念，并不简单等于科学知识，而是指关于科学知识的应用。陈昌曙认为，"技术是人类为满足自身需要，遵循自然和社会规律，对自然界和社会能动作用的手段"❶。第三，技术是指完成目的的物质手段或生产工具。奥基戈夫认为，技术是生产工具，它能够提高人类的劳动效率。第四，技术是指能力、知识、手段的总和。该定义认为技术的概念应该是包含人们具有的能力和知识的应用，还包括工具、装备、机器等物质手段的总和。英国技术哲学家辛格认为，"技术是人类按照自己目的利用自然资源的本领、知识和手段的总和"❷。

以上关于技术的定义，从不同的维度揭示了技术的丰富内涵，为我们认识与界定"技术"提供了必要的理论参考。通过对这些定义的研究，可以看出，每种定义都较为侧重技术的某一个方面，这和技术的不断发展紧密相连。笔者

---

❶ 陈昌曙. 陈昌曙技术哲学文集［M］. 沈阳：东北大学出版社，2002：10.

❷ 丁俊丽，赵国杰，李光泉. 对技术本质认识的历史考察与新界定［J］. 天津大学学报（社会科学版），2002（01）.

更加倾向于技术的第四种定义，即技术是指能力、知识运用和工具手段的总和，该定义更加全面地涵盖了技术的各个方面。

界定了一般的"技术"概念，我们继续考察马克思恩格斯的技术概念。可以说，马克思恩格斯的技术概念一方面涉及了人类能力、知识运用的层面，另一方面涉及了工具、手段的层面，同时，马克思恩格斯关于"技术"也有自己的独特理解。第一，技术是人的本质属性的技术。马克思恩格斯提出人的本质需要从人的生产实践中去理解。个人怎么样表现自己的生命，个人就是怎么样的。所以说，个人是什么样的，是同他们的生产相一致的，既包括和他们生产什么相一致，又包括和他们怎样生产相一致。个人是什么样的，取决于他们从事生产的物质条件。❶ 第二，技术是现实生产力的技术。马克思恩格斯都惊叹于资产阶级在过去不到一百年的时间所创造的生产力比过去创造的全部生产力都要大，使社会的生产力得到了极大的释放。

基于马克思恩格斯的技术基础理论，参照技术的一般含义，马克思恩格斯的"技术"概念可以概括为：技术是作为人的本质属性和现实生产力表现的人类改造自然界的能力、知识的应用和工具手段。

（三）马克思论科学与技术的结合

随着人类社会的不断进步，科学与技术发展的相关性也呈现出由相互分离到相互结合的趋势。科学与技术在发展初期，都是各自独立发展，自文艺复兴运动以后，科学与技术开始逐渐相互结合。科学从宗教的藩篱之下逐步解放出来，取得了许多重大的发现，分化出来的科学在资本主义生产关系逐渐确定的条件下，蕴藏的巨大生产力被人们所重视，科学开始注重向生产实践转化并解决相关的技术难题。19 世纪之后，科学在资本主义工业生产的基础上迎来了空前的发展，科学与技术的结合更加紧密。马克思恩格斯认为，随着资本主义工业大生产的日益发展，科学与技术的结合越来越密不可分，无论科学的发展

---

❶ 马克思，恩格斯. 马克思恩格斯文集（第一卷）［M］. 北京：人民出版社，2009：520.

还是技术的进步，都离不开彼此的推动作用。

一方面，科学促进技术发展的作用越来越重要。新的科学发现是生产技术革新、劳动生产率提高的关键要素，市场迫切的需求赋予科学以更高的任务和要求，新的科学发现很快就会转化为新的技术形态，成为社会生产中的重要推动因素。马克思高度肯定科学对技术发展重要的推动作用，机器之所以能够完成以前工人所能完成的一样的劳动，是因为对科学中力学规律以及化学规律的分解和应用。在《资本论》中，马克思称赞了伴随力学的不断发展和进步，机器的形式才可能由力学原理所决定，从而摆脱了机器的传统体形。老式的火车头只有两条腿，像马一样行走，而力学的进步发明了新式的火车头来做代替。随着资本主义工厂制度的发展，机器开始大规模使用，以机器生产为基础的资本主义大工业把完整的生产过程划分成不同的部分，而这些都取决于力学和化学在技术上的应用。

另一方面，技术促进科学发展的作用也越来越突出。第一，随着科学研究的逐渐深入，科学研究越来越离不开技术设备的支撑。马克思认为已有的机器体系为发明作为一种职业提供了大量的手段，而这些手段对科学的发现起着至关重要的作用。第二，技术的不断发展刺激了科学的不断进步。马克思认为机器在 17 世纪的应用非常重要，之所以这样说，是因为机器的应用从现实的层面为力学理论的发现提供了新的支撑和激励。1863 年，在《马克思致恩格斯》的信中，马克思认为摩擦理论之所以能够产生，都是在水磨的基础上建立的。❶

从马克思恩格斯对科学与技术相互关系的分析可知，在马克思恩格斯的语境中，科学与技术是紧密结合起来使用的。虽然马克思恩格斯使用"科学""技术"的次数不是很多，也很少提及"科技"一词，却经常提出"机器""发明""技能""技艺""知识"等词语。考虑到上述情况，在后续写作过程中将科学与技术统一用做"科技"，在单独重点阐述其中的一个概念时，本研

❶ 马克思，恩格斯. 马克思恩格斯文集（第十卷）［M］. 北京：人民出版社，2009：201.

究也会根据实际情况进行明确辨析。

（四）自然

正如任何一个概念都是历史的产物，自然概念的内涵也是持续丰富和变化的。在古希腊时代，自然概念主要是在"本性"的意义上使用的。亚里士多德在《形而上学》中将"自然"概括为七种含义，其中一种是万物变动的渊源❶，可理解为事物由于自身内在的本性而发生的活动是自然，事物由于外在的因素影响而发生的活动就是不自然。在古希腊后期和中世纪，自然概念主要包含两个含义：第一是指"自然的本性"，第二是指"自然物的集合"。直到近代，人们则更多地从"自然物的集合"意义上使用自然概念，也就是通常所用的"自然界"概念。自此，自然包含人类还没有接触到的天然自然和人类已经接触到甚至改造的人工自然。

"自然"在中国古代很早就具有事物原本的"本性""性情"等含义，其一是对人而言，其二是对物而言，二者最早分别出现在《庄子》《文子》中。近代，随着中国学者翻译日本著作，广泛地接受了把"nature"翻译成"自然"的说法。如王国维翻译的《哲学概论》中大量使用了"自然"一词。《中国大百科全书·哲学2》中将自然分为广义的自然和狭义的自然。

马克思恩格斯文本中的"自然"，基本上可以从三个层面来理解。一是自在自然，是指人类还没有接触到的自然。马克思恩格斯认为天然自然是不依赖于人的自然存在，人之外的自然界，社会之外的那个尚未置于人的统治之下的自然界。二是人化自然，是指经过人的对象化的实践活动改造从而打上人类烙印的自然。马克思谈及"人化自然"的概念，他指出人的精神感觉以及实践感觉等，都是由于人化的自然界才产生出来的。所以，在人类历史的长河中，与人类社会不断相互作用的自然界才是"人的现实的自然界"，在资本主义社会是以一种异化的形式表现出来的。此外，马克思批判费尔巴哈没有看到，周

---

❶　［希］亚里士多德. 形而上学［M］. 吴寿彭，译. 北京：商务印书馆，1959：87－89.

围的感性世界不是一如既往、不会变化的世界，相反，它是历史的产物。三是人自身的自然，指人作为自然的一部分，本身就属于自然。在《1844 年经济学哲学手稿》中，马克思就鲜明地指出人是自然界的一部分。因此，一般说来，马克思恩格斯主要关注的是人化自然和人自身的自然，因为抽象地谈论没有进入人类实践视野的自在自然意义不大。

基于自然概念的基本含义和马克思恩格斯文本中的阐释，确定本书"自然"的研究范畴主要是马克思恩格斯文本中的人化自然。此外，由于人自身的自然受到自然、社会等诸多方面的影响，所以只有涉及人化自然的变化对人自身产生直接的影响时，人自身的自然才属于本书研究范畴。

此外，鉴于自然与生态两个词概念相近，容易混淆，因此有必要加以区分。"生态"一词最早源于希腊语，有住所和环境之意。在英文中用"ecology"表示，意为生态、生态学。1869 年，德国学者恩斯特·海克尔（Ernst Haeckel）将生态学定义为有机物与外部世界相互关系的学科。此后，在海克尔生态学定义的基础上，部分学者如李克利夫（Ricklefs）、克莱布斯（Krebs）、卡斯特·雷（Caste Thunder）等人都进行了相关的界定。20 世纪 30 年代，张挺教授将"生态学"概念引入中国。周道玮于 20 世纪 90 年代提出，生态学主要是研究地球上生物及其组合和环境之间的统一体。❶ 此后，钱俊生、余谋昌提出，"存在于生物和环境之间的各种因素相互联系和相互作用的关系，就叫生态"❷。

由上述"自然""生态"概念分析可知，从研究对象看，"自然"比"生态"的外延要广，自然可以单独指非生物，如太阳、土壤，也可以指生物和非生物的结合。生态则不单独指非生物，而是专指生物和非生物的结合，如植物、动物和其他自然因素形成有机整体的联系。此外，"生态"概念更加强调一种关系性，即生物之间、生物和非生物之间的关系，并不包含实体性的内容。

---

❶ 转引自梁士楚，李铭红. 生态学 [M]. 武汉：华中科技大学出版社，2015：2.
❷ 钱俊生，余谋昌. 生态哲学 [M]. 北京：中共中央党校出版社，2004：2.

基于上述对马克思恩格斯文本中"科学""技术""自然"相关概念的分析，可以为本书的研究对象进行一个界定，本书主要考察的是：在社会实践中产生的、作为社会潜在生产力的、反映自然规律的系统化知识体系的科学和作为人本质属性的、代表现实生产力的、反映人类改造自然界的能力、知识应用和工具手段的技术两者的发展对人化自然环境及人自身的影响。

四、研究方法

本书总体上以马克思主义的辩证唯物主义和历史唯物主义为基础，坚持和运用马克思主义的立场、观点和方法，开展马克思恩格斯关于科技发展对自然环境影响思想的研究，旨在探求相关思想的理论体系。本书在实际研究中主要运用以下研究方法。

（一）历史（动态）分析法

该方法的采用体现在对马克思恩格斯关于科技发展对自然环境影响思想的发展历程的研究，体现在马克思恩格斯关于科技发展对自然环境影响思想的继承发展的研究。

（二）系统分析法

该方法的采用体现在对马克思恩格斯关于科技发展对自然环境影响思想的系统性研究，总体上确立了相关思想的"现实背景—思想来源—发展历程—主要特点—影响内容—继承与发展—时代启示"的分析谱系，力图推进马克思恩格斯关于科技发展对自然环境影响思想研究的纵深发展。

（三）比较分析法

在微观层面，该方法的采用体现在比较分析了不同社会制度下科技发展对自然环境的影响。在宏观层面，该方法的采用体现在比较分析了马克思恩格斯关于科技发展对自然环境影响思想在中国化的进程中所体现的继承性和发展性。

五、创新之处

本书总结概括了马克思恩格斯关于科技发展对自然环境影响的思想。马克思恩格斯关于科技发展对自然环境影响的基本观点和具体论述散见于各个时期的著作之中，目前学术界对其还缺乏整体和系统的研究，本书在已有研究成果的基础上，力求从现实背景、思想来源、发展历程、主要特点、影响内容、继承与发展、时代启示等方面进行整体性的研究。通过研究提出，马克思恩格斯认为科技本身是中性的，科技发展之所以会造成自然环境问题与社会制度密切相关。在资本主义制度下，科技由于成为资本家积累资本的工具而成为一种破坏自然的力量。只有超越资本主义制度，科技才能被无产阶级共同占有，人们才能有计划地依靠科技利用自然，促使科技发展与自然环境相得益彰。所以说，马克思恩格斯的科技思想有着突出的生态学价值取向，并非存在生态维度的缺场。

马克思恩格斯关于科技发展
对自然环境影响思想的概述

马克思恩格斯关于科技发展对自然环境影响思想的生成有其特定的历史条件，资本主义技术革命以及大工业引发的环境问题为思想的生成奠定了坚实的现实基础。近代自然科学理论、李比希农业化学理论、摩尔根技术利用自然资源理论为思想的生成提供了直接的思想来源。整体而言，马克思恩格斯关于科技发展对自然环境影响的思想根据理论逻辑的发展梯度，可以分为初步形成、多维发展、整体完善三个生成阶段，呈现出严谨的科学性、彻底的批判性、鲜明的实践性和深厚的人文性特征。

第一节　现实背景

历史从哪里开始，思想进程也应当从哪里开始。根据马克思主义唯物史观的观点，任何思想的产生都会在现实社会中找到依据，任何思想都可以通过历史的实践得到更透彻的理解。马克思恩格斯关于科技发展对自然环境影响思想也产生于特定的历史环境，即资本主义的技术革命和资本主义大工业引发的环境问题，特定的历史背景为马克思恩格斯关于科技发展对自然环境影响思想的产生奠定了坚实的现实基础。

一、资本主义技术革命

马克思恩格斯生活的时代，处于资本主义第一次技术革命和第二次技术革命交替的阶段。资本主义两次技术革命的产生，为马克思恩格斯关于科技发展对自然环境影响思想的产生提供了现实基础。

第一次技术革命（18 世纪 60 年代至 19 世纪中期）开始于英国，促使资本主义大工业代替工场手工业，蒸汽机的发明开创了人类社会的"蒸汽时代"，实现了农业文明向工业文明的转变。这次技术革命极大地推动了纺织业、机械业的发展，使社会生产发生革命性的变革。第一次技术革命主要体现在纺织机的发明、蒸汽机的发明和机器制造业的发展三个方面。

第一，纺织机的发明。最初阶段，织布工约翰·凯伊（1704—约 1764）设计出飞梭。飞梭实现了梭子的机械化操作，既能织出较宽的织物，又能提高织布效率，从而引起了纺纱的供应不足。1779 年，克隆普顿（1753—1827）融合多轴纺纱机和水力纺纱机的长处，发明了走锭精纺机，即"骡机"。走锭精纺机不仅使用水力作为动力系统，而且实现同时转动三四百个纱锭，标志了纺纱机械革命的初步完成。为了改变织布机落后的情况，1785 年卡特莱特（1743—1823）设计出卧式自动织布机，这种新的创造依靠水力作为动力，使得织布效率提高了几十倍。

第二，蒸汽机的发明。受制于传统机器动力系统离不开水力系统的做功，资本主义工业的发展多处于沿河地区，而且还受到季节和气候的影响。此外，机器设备的不断发展，需要为它们提供强大的动力，这必然要引起动力上的革命。瓦特（1736—1819）在纽可门蒸汽机的基础上进行了改良，大大改善了蒸汽机局限于直线做功的情况。经过不断改善，瓦特于 1794 年获得了发明专利。自此以后，蒸汽机促进了纺织、采矿、冶金等工业部门的迅速发展，从根本上改变了资本主义的生产方式。

第三，机器制造业的发展。蒸汽机的普遍应用，需要实现从人工制造机器到机器制造机器的飞跃，这就要依靠先进的机器制造业，只有这样才能奠定大工业的技术基础。1769 年，斯米顿发明了加工汽缸的镗床，加工精度达到 10毫米。1794 年，机械师莫兹力（1771—1832）发明了车床上使用的滑动刀架，做成了带有导轨系统的车床，具有重要的现实意义。此后，铣床、磨床等工作母机不断被发明出来，使机器制造业快速发展。

第二次技术革命（19 世纪 70 年代至 20 世纪初）实现了人类社会由"蒸汽时代"迈进"电气时代"，促使电力、化工、铁路等重工业兴起，推进人类文明进入新的阶段。第二次技术革命主要体现在内燃机的发明、电力技术的发展应用和远程通信技术的飞跃三个方面。

第一，内燃机的发明。热机按照工作方式的不同可以分为外燃机和内燃机两种。热机热效率不高的原因在于热源的外在性，因此，提高热机的热效率使内燃机的发展成为必然。19 世纪中期，法国工程师莱诺（1821—1900）发明了第一台二冲程、无压缩、电点火的内燃机。19 世纪末期，以石油代替煤气作为燃料成为发展趋势。1892 年，德国工程师狄塞尔（1858—1913）发明了燃料更便宜、结构更简单的柴油机，被广泛地应用于卡车、船舶、机车等方面，基本完成了往复式活塞内燃机的发明。

第二，电力技术的发展应用。电力技术在 19 世纪得到了快速发展。电机的发展过程，可以分为直流电电机和交流电电机发明过程。前期主要是直流电电机的发明。1832 年，法国的皮克西兄弟发明了第一台手摇永磁式直流和交流发电机。从 19 世纪 80 年代开始，由于变压器的发明，交流电电机获得了快速发展。1885 年，意大利科学家法拉利（1847—1897）发明了二相异步电动机模型。1886 年，美国科学家特斯拉（1856—1943）发明了结构完善的二相异步电动机。此后，三相制的使用，标志着电力技术发展进入新阶段。随着电力技术的发展，电能的应用也越来越广泛，建立了许多大型发电厂。1889 年，英国建成的特普夫电站是现代发电站的先驱。自此，电能作为新的能源占据了主要地位。

第三，远程通信技术的飞跃。随着资本主义生产力的大力发展，生产规模的持续扩大，需要在更大的范围内进行资源和市场配置，这就刺激了远程通信技术的发展。远程通信技术的发展促使了电报、电话以及无线电通信的发明。电报是最早用电传递信息的装置，英国的惠斯通（1802—1875）、科克（1806—1879）、美国的莫尔斯（1791—1872）对实用电磁电报的发明贡献最大。电话的发明比电报要晚了 30 多年。无线电通信的发明，是基于麦克斯韦

（1831—1879）提出电磁波存在的假设并由赫兹（1857—1894）通过实验验证而产生的。

马克思恩格斯高度关注技术的发展动态。1883 年，在《致爱·伯恩施坦》的信中，恩格斯认为电工技术革命足以引起社会发展产生新的飞跃，拓宽人类前进的征途，特别是德普勒发现可以把高压电流在能量损失很小的条件下传输到遥远的地方，这使得工业彻底摆脱了地方条件的制约。

二、大工业引发环境问题

19 世纪初期，机器的发明为大工业生产方式的确立奠定了坚实的物质条件，机器的普遍应用加速了对自然的开发利用，又由于生产技术的限制和资本的羁绊，生产中的污染物大都没有经过处理而直接排放，造成了恶劣的环境污染问题。马克思恩格斯对此深有感触，马克思恩格斯关于科技发展对自然环境影响的思想正是在对环境问题的审视中形成的。

资本主义大工业造成自然资源的大量消耗导致自然资源出现紧缺。19 世纪中叶，欧洲主要发达国家普遍出现资源过度消耗的现象，这种现象在农业中表现得尤为突出。由于大生产耕作模式在农业的广泛应用，导致天然肥料的供给出现严重不足，土地的性能也受到显著的影响，因此，资本主义国家对天然肥料的需求日益增加。英国进口用做肥料的骨骼的花费由 1823 年的 14400 英镑增长到 1837 年的 254600 英镑，英国从秘鲁进口的鸟粪由 1841 年的 1700 吨增长到 1847 年的 220000 吨。由于鸟粪的日益稀缺，资本家们开始用智利的硝酸盐来代替鸟粪作为肥料。❶

资本主义大工业造成自然环境污染。自然环境污染主要表现在空气污染和水污染。从空气污染看，煤炭作为资本主义大工业的主要能源，带来了生产力巨大发展的同时也造成了严重的空气污染。煤炭的持续消耗，产生了大量的粉

---

❶ John Bellamy Foster. Marx's Ecology – Materialism and Nature ［M］. New York：Monthly Review Press, 2000：150.

尘和二氧化硫形成的灰黄色烟雾，英国的空气污染前所未有，烟雾萦绕，部分地区遮天蔽日，伦敦更是以"雾都"而闻名。英国作家狄更斯在著作《艰难时世》中描述了"焦煤镇"的人们生活在浓烟滚滚的空气之下，像是笼罩在黑雾之中，树木都被煤灰覆盖。面对烟囱冒出的丛林般的黑烟，人们为了呼吸新鲜空气，不得不乘坐火车去几英里的郊外寻求新鲜空气，而这绝不能看成世界上最无聊的念头。从水污染看，资本主义大工业需要大量水资源，从而产生大量的生产污水，更由于缺少污水净化处理使水污染异常严重。英国学者特雷弗指出，泰晤士河成为一条臭河，至少有30英里的流域散发臭气。根据1858年数据记载，泰晤士河常年水中氧气的含量严重不达标。❶ 1878年，泰晤士河发生了令人痛心的游船沉没惨案，因为游船淹没的地点位于污水排放管道附近，严重污染的河水令落水的人纷纷中毒丧命。除此之外，在1832—1886年，被污染的河水导致伦敦共暴发了4次霍乱，仅1849年就死亡14000人。

　　总体来说，无论是资本主义两次技术革命，还是资本主义大工业引发严重的环境问题，都给马克思恩格斯留下了深刻的印象，并促使马克思恩格斯思考，因而构成了马克思恩格斯关于科技发展对自然环境影响思想产生的重要历史背景。

第二节　思想来源

　　马克思恩格斯关于科技发展对自然环境影响的思想并不会凭空产生，它是在吸收和继承前人先进思想的基础上形成的，有其特定的思想来源。近代自然科学理论、李比希农业化学理论、摩尔根技术利用自然资源理论是其主要的、直接的思想来源。

---

❶ Trevor May. An Economic and Social History of Britain 1760—1970 ［M］. New York：Longman Inc，1987：126.

一、近代自然科学理论

自然科学具有悠久的发展历史。早在古希腊时期，自然科学就在几何学、天文学、生物学等方面取得了丰硕的成果。中世纪时期，基督教成为社会的主流意识形态，自然科学的发展陷入低迷阶段。但是随着文艺复兴运动的兴起，启蒙运动在社会生活各方面的深入影响，自然科学从 16 世纪伊始逐渐摆脱宗教神学的桎梏，从而在 17 世纪和 18 世纪实现初步发展，即第一次科学革命，在 19 世纪实现快速发展，即第二次科学革命。

近代自然科学的第一次科学革命从哥白尼（1473—1543）在《天体运行论》中提出"日心说"为开端，哥白尼否定了中世纪基督教神学的"地心说"，从此揭开了科学从宗教神学的束缚下解放出来的序幕。此后，开普勒（1572—1630）通过天文望远镜的长期观察，提出了太阳系行星运动三大定律。伽利略（1564—1642）进一步证实了哥白尼的"日心说"，提出了物体自由落体运动等客观规律。笛卡尔（1596—1650）确立了解析几何，莱布尼茨（1646—1716）确立了微积分，牛顿（1643—1727）创立了万有引力定律和力学三大定律。

进入 18 世纪，近代自然科学取得了许多成就。在天文学方面，康德（1724—1804）最早提出太阳系起源的星云假说。在物理学方面，库仑（1736—1806）提出了著名的库仑定律。在化学方面，普利斯特列（1733—1804）长期研究气体，他的著作《论各种不同的气体》大大丰富了气体化学。在生物学方面，布封（1707—1788）的著作《自然史》，包括了人类史、地球史、动物史、矿物史等几个部分，对自然界进行了详细的解释。

进入 19 世纪，科学实现了快速的发展，这是一个"科学的世纪"，第二次科学革命就产生于这个时期。细胞学说是由德国植物学家施莱登（1804—1881）和动物学家施旺（1810—1882）提出，自然界的所有生物均是以细胞作为最小单元，细胞的形成过程是动物和植物成长发育的基础，从而揭示了动植物成长的秘密，弥补了动植物之间的鸿沟，阐明了动植物机体本是拥有同样的结构组成以及共同的起源。能量守恒和转化定律的发现经历了不同科学家长期的共同努力，其中以德国物理学家迈尔（1814—1878）和英国物理学家焦耳（1818—1889）贡献最大。能量守恒和转化定律表明能量从一种形式转化为另一种形式，以科学的事实证明了自然界能量的不断运动和转化。生物进化论是由英国生物学家达尔文（1809—1882）在历时5年环球航行，对动植物进行大量观察研究后写出了著作《物种起源》而广为人知，提出的生物进化论强调了动植物都是延续发展的、历史的产物，新物种产生于旧物种的灭亡，动植物的生存是自然界自然选择和适者生存的结果。

　　自然科学的不断发展，促使人类不断深入地认识自然。马克思恩格斯十分重视自然科学的发展，高度肯定了自然科学的发展对于人类正确认识自然的重要作用。在《1844年经济学哲学手稿》中，马克思认为地球构造学的发现说明了地球的演变遵循一定的自然进程，这个进程是依据地球自身内在演变发展的，从而对大地创造学说的观点给予了科学的否决，自然发生说是对创世说的唯一实际的驳斥。在《在马克思墓前的讲话》中，恩格斯高度赞赏马克思的研究领域众多，在众多的研究领域之中，马克思对于自然科学十分关注，尤其是对那些立即产生重要影响的理论成果，马克思更是发自心底地高兴。可以说，"在马克思看来，科学是一种在历史上起推动作用的、革命的力量"❶。在《社会主义从空想到科学的发展》中，恩格斯认为不可知的"自在之物"之所以存在，是由于人类对自然界的认识还不全面，所以才去猜想在众多事物的背后还存在一个神秘的"自在之物"。随着科学的不断发展，原来所不被人类理解的事物都已经被人类所掌握了，慢慢地揭开了自然的奥秘。

　　自然科学的发展过程，不仅是人类认识自然的过程，而且是人类自然观不断变化发展的过程。古希腊时期，人类持有的是一种整体自然观。由于这个时期自然科学还处于萌芽阶段，面对神秘的自然，人类还是一种蒙昧的状态，自

---

❶　马克思，恩格斯. 马克思恩格斯文集（第三卷）［M］. 北京：人民出版社，2009：602.

然通常被人类赋予人格化和神灵化，人类对自然保持着一种崇拜和畏惧的心理。中世纪时期，人类持有的是一种神学自然观。神学自然观以基督教的教义学说为基础，强调精神高于物质，人类高于万物，自然存在的价值是为人所用。近代以来，随着自然科学尤其是物理学的快速发展，人类持有的是一种机械自然观。机械自然观强调整个自然界是一部机器，完全遵循力学规律，只受到机械力的作用，自然界没有生命，没有意外，一切都是规定好的，都是必然发生的，人类凌驾于自然之上，掌控和改造自然。直到 19 世纪自然科学三大发现的出现，为马克思恩格斯生态自然观的形成奠定了基础。在《自然辩证法》中，恩格斯认为自然科学中的三大发现最有力地证明了自然界的联系性。能量守恒定律的发现使能的转化得到证实；细胞学说的发现表明一切机体都是通过细胞的繁殖分化生长的，一切多细胞的机体都共同遵循同一规律的过程；达尔文的生物进化论基本上证实了机体是从简单形态发展到日益多样的复杂化形态的。

二、李比希农业化学理论

尤斯图斯·冯·李比希在农业化学领域造诣颇深。由于他的父亲经营一家染料工厂，李比希在孩童时期就对化学产生了浓厚的兴趣。之后，他在波恩大学和埃尔根大学获得化学博士学位。1825 年，李比希担任德国黑森公国吉森大学的教授，从事教学和研究工作。他在化学方面的涉猎非常广泛，包括农业、工业、生理、有机、药剂等方面。同时，他的著作颇丰，其著作和译著共达一百多种，在诸多著作当中，《化学在农业和生理学上的应用》是李比希的代表作，是根据他于 1837 年参加在利物浦召开的一次英国科学促进会的报告而写成，曾被多次修改和再版，被译成十多种文字。李比希在该书中深刻地揭示了农业生产的自然规律，为农业的可持续发展打下了深厚的基础。1940 年，美国科学促进协会在《李比希以及李比希以后的农业化学》中写道，该书在农业科学领域的影响力是巨大的，也是其他相关文献所不能达到的。《化学在农业和生理学上的应用》一书主要涉及两个方面的内容。

第一，李比希充分肯定了化学在农业生产中的重要作用。李比希认为1840 年以前的农业缺少科学理论指导。在 19 世纪之前，农民对耕地的一些基本要素的影响还一无所知。之所以会出现这种情况，李比希认为，在很大程度上是因为农民觉得农业知识是无效的，更重视农业生产中经验的作用。农民往往是经验主义者，他们认为理论只是对某些农业现象进行解释的主观臆测，是没有价值的，只需要根据实践经验中的"情况"和"相互关系"行事。针对这种现象，李比希进行了一定的批判。他批判那些盲目实践的人敌视农业理论，他们认为土壤的肥力是永远不会减退的，因此，这些农民"仍然停留在几千年以前的水平"❶。农民竟然对沙苏尔和大卫最有价值的、最重要的研究工作都没有重视，因为农民认为这些研究与农业生产没有联系。为此，李比希强调化学在农业中应该占有主导性、基础性的作用。他认为农业生产中只有实践经验的人，面对农业生产中土地肥力下降等种种困难时，将只能像个小孩子一样无助，长期的农业实践最终会让人们懂得，农业上的成就完全靠科学技术，因为"谁掌握科学知识，谁就能使贫瘠的沙荒转化为肥沃的土地"❷。同样，科学不会使农民远离自己的目标，相反，它能够保证农民劳动的实践效果。科学和实践不是毫无关系，而是密切相连，帮助农民减少犯错。此外，李比希还强调了农业中的科学知识并不是静止不动的，而是辩证地向前发展的。新理论对旧理论的超越，并不是旧理论简单的继续，而是以对立面出现的。农业生产中，旧理论认为农作物养分来源于有机质，相反，新理论则认为农作物养分来源于无机元素，即李比希提出的"矿质营养学说"。

第二，李比希认为科技的资本主义应用使资本主义农业成为一种破坏性的农业，导致土壤的物质循环断裂，提出了著名的"归还定律"。李比希认为，从灰分元素的角度看，农作物的根茎、果实、种子等都需要从土壤中吸收养

---

❶　［德］尤・李比希. 化学在农业和生理学上的应用［M］. 刘更另，译. 北京：农业出版社，1983：5.

❷　［德］尤・李比希. 化学在农业和生理学上的应用［M］. 刘更另，译. 北京：农业出版社，1983：1.

分，这种养分是固定不变的，不随生长土壤的不同而变化，然而土壤的肥力是有限的，如果保持土壤的持续肥力，需要把农作物的养分归还给土壤。但是，资本主义农业的生产方式，使人口大量集中于城市，农产品也都供给城市消费，这些被城市消费的元素再也不会返还回农村。因此，人类的厩肥和农产品都不能归还给土壤本身，以至于造成土壤肥力的下降。可见，李比希充分肯定了化学在农业生产中的作用，也对资本主义破坏性的农业进行了批判。虽然李比希的农业化学理论受到当时历史条件的限制而存在某些方面的不足，遭受过各种各样的责难，但是李比希的农业化学理论是重大的科学理论成果，为马克思恩格斯科技发展与自然环境关系思想提供了重要的理论资源。

对于李比希《化学在农业和生理学上的应用》一书，马克思恩格斯给予了高度的评价。1866 年，在《马克思致恩格斯》的信中，马克思指出，"德国的新农业化学，特别是李比希和申拜因，对这件事情比所有经济学家加起来还要重要"❶。马克思恩格斯在《资本论》《恩格斯致彼得·拉甫罗维奇·拉甫罗夫》《论住宅问题》等文献中，都赞赏和引用了李比希书中的资料。例如，在《资本论》中，马克思认为资本主义农业所获得的不断发展，都是靠牺牲耕作的农民以及本身肥沃的土地为代价的，"资本主义生产发展了社会生产过程的技术和结合，只是由于它同时破坏了一切财富的源泉——土地和工人"❷。这是因为改善土壤性质的各种方法均具有短期效应，从长远来看都会导致土壤肥力下降。先进科学技术在农业生产中的应用，改变了以往农业生产中的分散状态，导致从事农业生产的农民数量不断减少，然而，大城市中的人口却持续不断增长，这样就造成大城市和农村之间的物质循环出现了无法弥补的裂缝，造成了土地肥力的浪费。1875 年，在《恩格斯致彼得·拉甫罗维奇·拉甫罗夫》的信中，恩格斯认为李比希特别强调植物界与动物界之间是紧密联系，相互协作的。植物界为动物界提供氧气和食物，动物界也为植物界提供肥料和碳酸等。在《论住宅问题》中，恩格斯高度肯定了李比希的物质循环理论，李比希消灭

❶ 马克思，恩格斯. 马克思恩格斯文集（第十卷）[M]. 北京：人民出版社，2009：234.
❷ 马克思，恩格斯. 马克思恩格斯文集（第五卷）[M]. 北京：人民出版社，2009：580.

城乡对立的思想是具有实际基础的。因为以伦敦为例的大城市，每天都需要花费大量的财力、物力才能够把不计其数的粪便抛到海里去，才能使这些粪便不致于毒害伦敦全城。在李比希的农业化学著作中，他比所有人都坚持要这么做，认为人们在一个地方获取的资源到最后还应该返还给这个地方。

可以说，马克思恩格斯科技发展导致物质循环断裂的理论是直接来源于李比希的"归还定律"。马克思恩格斯在《英国工人阶级状况》中提出科技推动大城市的建立和人口的集中，在《德意志意识形态》中提出以技术为基础的大工业造成城乡分离，在《哲学的贫困》《反杜林论》中提出技术决定的分工导致城乡分离，在《资本论》中提出物质变换破坏，在《论住宅问题》中提出消灭城乡对立等思想。

三、摩尔根技术利用自然资源理论

路易斯·亨利·摩尔根（Lewis Henry Morgan，1818—1881）一生专注于印第安人和古代社会的研究，为人类社会的发展作出了杰出的贡献。摩尔根出生于美国的纽约州奥罗拉村，1842 年获得律师资格。此后，他加入了一个叫做"大易落魁社"的研究印第安人的学会，并于 1847 年被接收为内部成员而进入易洛魁人的氏族。1862 年，摩尔根的著作《人类家族的亲属制度》问世，该著作是斯密逊研究所的第十七种报告，是为了阐明印第安人的来源问题。1877 年，摩尔根最有影响力的一部著作《古代社会》由亨利·霍尔特公司出版发行，在这部著作中，他阐释了人类原始社会的客观发展规律。在这部著作的第一篇，摩尔根详细地阐述了技术是人类利用自然的一种工具手段，称其为"生存的技术"，随着技术的发展，人类才能更好地把自然资源转变为生活资料，实现对人类生活资料的控制，从而促进人类社会由阶梯底层不断发展，从蒙昧社会发展到野蛮社会再到文明社会。摩尔根认为，人类社会向文明迈进的过程中经过长期的斗争克服了重重障碍，人类文明的获得是人类依靠一大串的发明和发现与自然进行了长期的斗争而得来的。人类不断向高级阶段的发展，可以通过各种人类生存技术得以知晓，人类能否充分利用自然，完全取决于人类生存技术之巧拙。正如摩尔根引用威廉·德怀特·惠特尼著作《东方学和语言学研究》中的话表明的，人类在与大自然进行了长期艰苦的斗争中创造了许多诸如生活技术、科学、哲学等文明的重要组成要素，推动了人类文明从最低级逐渐上升到更高级。❶

摩尔根在《古代社会》中根据技术发展的不同阶段，对人类社会相应的发展阶段进行了界定。摩尔根认为，人类社会是由低级向高级不断晋升的，随着人类对自然的认识越来越丰富、技术工具越来越先进，人类社会也不断进步。在人类社会的发展历程中，每经历一段时间，人类使用的各种生存技术就会有新的发展和提升，为此，依据生存技术对人类社会进行阶段划分是最能使我们满意的。摩尔根依据不同的技术把人类社会分为蒙昧社会、野蛮社会和文明社会。（1）低级蒙昧社会，开始于音节分明的语言，终止于火的使用。这是人类社会的幼稚时期，人类刚刚进入生活，还谈不上有什么技术，人口稀少，能够利用的自然资源还非常简单，人类在有限的原始环境里，依靠坚果和水果生活。（2）中级蒙昧社会，开始于懂得如何获取火种，终止于弓箭的使用。此时主要的技术制品包括燧石、骨制品、戈矛、棍棒等。（3）高级蒙昧社会，开始于弓箭的发明，终止于制陶术的发明。此时主要的技术制品包括木制的器皿、用藤条或薄木片编织的篮筐、皮质的衣服、树皮纤维的手工织物等。（4）低级野蛮社会，开始于陶器的制造，东半球终止于动物的饲养，西半球终止于采用灌溉法种植玉蜀黍作物。此时主要的技术制品包括栽种玉蜀黍、菜豆、南瓜、烟草，有经有纬的手织物，鹿皮围裙，皮靴和打鸟的吹箭铳等。（5）中级野蛮社会，东半球开始于动物的饲养，西半球开始于灌溉农业，终止于冶铁术的发明。此时主要的技术和制品包括制造的青铜，成群的家畜，天然金属的知识，用木炭和坩埚熔化金属，农业中的堤道、沟渠、贮水池，柳枝结成的缒桥等。（6）高级野蛮社会，开始于冶铁术的发明，终止于标音字母

❶　[美]路易斯·亨利·摩尔根. 古代社会 [M]. 上册. 杨东莼，马雍，马巨，译. 北京：商务印书馆，1981：4.

的发明和文字的使用。此时主要的技术和制品包括铁犁、铲子、斧头、神庙的建筑、建筑上的大理石、用木板造的船、四轮车和战车、金属板制成的甲胄、铜头矛、带浮雕的盾、铁剑、酿酒、陶轮和碾谷物的手磨、机织的亚麻布和毛织品、风箱和熔铁炉等。（7）文明社会，开始于标音字母的使用和文献记载的出现。古代文明社会主要的技术制品包括火砖、起重机、水碾、桥梁、天平、阿拉伯数字、字母文字等；近代文明社会主要的技术和制品包括电报、煤气、蒸汽机、火车头、铁路、轮船、望远镜、印刷术、航海罗盘、火药等。

可见，摩尔根充分肯定了技术的发展在人类战胜对自然的恐惧、实现对自然资源利用之中的重要作用，同时认为技术的不断发展才实现了人类社会的不断进步。摩尔根的理论一方面立足于唯物史观，体现了理论的科学性；另一方面详细地界定了典型技术对于不同社会形态的表征，体现了理论的系统性。虽然摩尔根主要关注的是人类社会的蒙昧时期和野蛮时期，技术发展对自然环境的破坏作用还没有显现出来，但是摩尔根关于技术发展实现人类对自然资源利用的理论还是为马克思恩格斯关于科技发展对自然环境影响的思想提供了重要的理论资源。

马克思恩格斯对摩尔根《古代社会》这部著作给予了很大的关注和赞赏。马克思从 1881 年 5 月到 1882 年 2 月翻阅了摩尔根的《古代社会》，对该著作做了非常具体的摘要和注释，同时打算以唯物史观的理论重新给予解读。在《路易斯·亨·摩尔根〈古代社会〉一书摘要》中，马克思对摩尔根关于技术发展实现人类对自然资源利用、促进人类社会各阶段发展的论述进行了详细的摘录。此外，恩格斯高度赞赏了摩尔根《古代社会》一书，认为他提出的分期法，"在没有大量增加的资料要求作出改变以前，无疑依旧是有效的"❶。摩尔根通过史前史为后人提供了新的事实依据，从而能够提出崭新的观点。在《家庭、私有制和国家的起源》中，恩格斯认为摩尔根所证明的人类社会从蒙昧时代、野蛮时代发展到文明时代，包含了足够多的新特征。可见，恩格斯高度肯定了摩尔根关于技术发展实现人类对自然资源利用的理论。

---

❶ 马克思，恩格斯. 马克思恩格斯文集（第四卷）［M］. 北京：人民出版社，2009：32.

第三节 发展历程

真正的哲学都是代表时代精神的精华，要深入了解马克思恩格斯关于科技发展对自然环境影响的思想，就要从历史的维度探寻思想的发展脉络。正如所有具有划时代意义的思想体系那样，马克思恩格斯关于科技发展对自然环境影响的思想并不是从来就有的，而是在时代的孕育中逐渐生成发展的。他们所生活的 19 世纪既是近代科技发展的黄金期，也是自然环境问题逐渐形成的初显期。为此，马克思恩格斯关于科技发展对自然环境影响的思想可以按照理论逻辑发展的阶段性特征划分为初步形成、多维发展和整体完善三个阶段。

一、初步形成阶段

从理论上，马克思恩格斯关于科技发展对自然环境影响的思想何时初现雏形，也就意味着何时初步形成。初步形成阶段的划分，需要从时间上划分出具体的生成阶段，从理论上演进出具体的生成进程，从文献上罗列出具体的生成依据，以此作为阶段划分的依据。

（一）初步形成阶段的划分

根据《马克思恩格斯文集》、《马克思恩格斯全集》第二版的收录，马克思的相关文献最早起始于 1840 年的《德谟克利特的自然哲学和伊壁鸠鲁的自然哲学的差别》（完稿于 1841 年），恩格斯的相关文献最早可以追溯到 1839 年的《伍珀河谷来信》。据此可知，马克思恩格斯关于科技发展对自然环境影响的思想初步形成的历史起点，可以确定为 1839 年。1839—1844 年，是马克思恩格斯关于科技发展对自然环境影响思想的初步形成阶段。

初步形成阶段确定的根据在于：在这一时期，马克思恩格斯关于科技发展对自然环境影响的问题给予了一定的关注，形成了一定的认知。从马克思恩格斯关于资本主义科技发展对自然环境不利影响的批判看：第一，马克思恩格斯揭露了资本主义科技发展造成河流污染的现象；第二，马克思恩格斯揭示了资本主义科技发展造成自然环境破坏的原因之一是科技在资本主义社会中被资本家无偿占有，为产生新的需要服务；第三，马克思恩格斯批判了资本主义科技发展造成自然环境破坏导致无产阶级无法占有自然资源，他们的生活环境遭到破坏，身体受到严重的伤害。从马克思恩格斯关于科技发展对自然环境有利影响的阐释看：第一，马克思恩格斯肯定了科技发展对实现土地持续改良具有重要的有利效用，依靠科技发展可以更好地提升土地肥力，实现农业的发展；第二，马克思恩格斯认为前资本主义社会科技处于萌芽状态，科技的落后使得人们形成神学的自然观，陷入了对自然的盲目崇拜和迷失，相反，如果超越资本主义社会，科技的使用也实现了由无偿性向有偿性的转变。

初步形成阶段的代表著作有《伍珀河谷来信》《德谟克利特的自然哲学和伊壁鸠鲁的自然哲学的差别》《国民经济学批判大纲》《1844 年经济学哲学手稿》。虽然这一时期文献只是对相关问题进行初步探讨，并没有形成深入且完整的体系，但也形成了较多的论断，从这些论断中梳理出理论发展的生成逻辑，构成了马克思恩格斯关于科技发展对自然环境影响思想的具体生成进程。

（二）初步形成的进程

在《伍珀河谷来信》中，恩格斯最早关注了科技发展对自然环境造成的破坏以及对工人的伤害。伍珀河水被染成了红色，这都是因为沿河的工厂把染料直接排放入河水所致。不仅河水被污染，广大无产阶级长年累月工作在密闭的车间，吸入大量的煤烟，这使得他们身患疾病，"梅毒和肺部疾病蔓延到难以置信的地步"❶。

---

❶ 马克思，恩格斯. 马克思恩格斯全集（第二卷）［M］. 北京：人民出版社，2005：44.

在《德谟克利特的自然哲学和伊壁鸠鲁的自然哲学的差别》中，马克思认为科学的落后，使得希腊哲学家形成的是一种神学的自然观。希腊哲学家对待天体持有一种宗教的态度，即普遍认为在自然界的背后存在神灵，那些不为人知的天体就是神的代表，伊壁鸠鲁的天象理论实现了对希腊哲学家的超越。

在《国民经济学批判大纲》中，恩格斯提出了科技的资本主义应用具有无偿性，资本家完全不关心科技的成本，科学是与他无关的，但是，科技持续发展能够提高土地肥力，促进农业的发展。此外，在超越资本主义的条件下，科技实现了由无偿性向有偿性的转变。"精神要素自然会列入生产要素，并且会在经济学的生产费用项目中找到自己的位置。"❶

在《1844 年经济学哲学手稿》中，马克思揭示科技是资本家创造出新的需要的工具，科技越进步，人类社会商品的数量越丰富，生产出来的商品对于广大无产阶级而言是异己的存在物，刺激了人们新的、虚假的需要。在价值旨向上，马克思提出了自然科学是关于人的解放的科学，但是在资本主义社会，无产阶级无法占有自然资源，因为"人的无机的身体即自然界被夺走了"❷。

到此为止，综合考量马克思恩格斯关于科技发展对自然环境影响的思想，无论从深刻批判还是从理论阐释均已有初步的涉及，所以可以将这一阶段划分为初步形成阶段。

二、多维发展阶段

马克思恩格斯关于科技发展对自然环境影响的思想从初步形成到整体完善，中间经历了一个长达 11 年的多维发展过程。全面地考察这一思想的多维发展过程及主要理论成果，是整体上把握马克思恩格斯关于科技发展对自然环境影响的思想生成历程的中间环节。

---

❶ 马克思，恩格斯. 马克思恩格斯文集（第一卷）[M]. 北京：人民出版社，2009：67.
❷ 马克思，恩格斯. 马克思恩格斯文集（第一卷）[M]. 北京：人民出版社，2009：163.

（一）多维发展阶段的划分

1845—1856 年，马克思恩格斯关于科技发展对自然环境影响的思想逐步深化，思想体系在原有基础上更加丰富，有了全新的发展，所以将这一时间段划分为马克思恩格斯关于科技发展对自然环境影响思想的多维发展阶段。

多维发展阶段划分的依据在于：在这一阶段，随着马克思恩格斯唯物史观的基本形成，马克思恩格斯更多地从社会历史层面关注科技发展对自然环境影响的问题，较之初步形成阶段提出了许多新的论断。从马克思恩格斯关于资本主义科技发展对自然环境不利影响的批判看：第一，马克思恩格斯更多地揭露了资本主义科技发展造成空气污染的现象；第二，马克思恩格斯揭露了资本主义科技发展引起的分工加速了城乡分离，这为后期物质变换断裂理论的提出奠定了基础；第三，马克思恩格斯认为科技发展本身并不是造成自然环境破坏的原因，科技的资本主义应用是造成自然环境破坏的主要原因，原因之一在于科技的资本主义应用是一种破坏自然的力量，促使了本国消费向世界消费的转变，原因之二在于科技的资本主义应用加速经济危机造成大量的浪费；第四，马克思恩格斯批判了资本主义科技发展造成自然环境破坏导致无产阶级生活环境遭受严重破坏，在这种破坏的生活环境之下，无产阶级的身体遭受了严重的摧残，导致疾病多发、高死亡率，并造成精神上的道德滑坡。从马克思恩格斯关于科技发展对自然环境有利影响的阐释看：第一，马克思恩格斯详细阐释了科技发展对自然环境有利影响的主要表现，认为科技的发展能够提高劳动生产率，更好地利用自然资源；第二，马克思恩格斯提出了科技发展是实现人的解放的现实条件的重要论断，同时提出应该由工人阶级代替资产阶级掌握科技的所有权。

多维发展阶段的代表著作有《英国工人阶级状况》《德意志意识形态》《哲学的贫困》《共产党宣言》《在〈人民报〉创刊纪念会上的演说》。虽然这些文献较为零散，但是细细梳理和深入剖析内在的理论内蕴和逻辑关系，仍然能够得出马克思恩格斯关于科技发展对自然环境影响思想的多维发展进程。

（二）多维发展的进程

《英国工人阶级状况》是恩格斯在这一阶段关于科技发展对自然环境影响思想的重要著作。恩格斯重点关注了英国伦敦的空气污染问题，由于煤炭的消耗量大幅度增加，广大无产阶级工人生活在密集的空间导致生活垃圾无处排放，伦敦的空气相比于农村地区受到严重污染。恩格斯敏锐地观察到，科技的发展推进了大城市的建立，这为他后面谈及城乡分离奠定了基础。以诺丁汉和德比为例，由于网织机、花边机、络丝机的先后发明，该地区织袜业迅速发展，以致当时至少有 20 万人以从事这种生产为业。此外，恩格斯更多地揭露了无产阶级生活环境遭受的严重破坏，及其对他们身体和心理造成的巨大创伤。在环境污染的情况下，"除了过高的死亡率，除了不断发生的流行病，除了工人的体质注定越来越衰弱，还能指望些什么呢？"❶ 这些恶劣的生存环境是导致广大工人阶级患病的重要缘由。城市因肺部疾病死亡的人数是农村的两倍多，因天花、麻疹等流行病死亡的人数是农村的三倍多，因脑水肿、痉挛死亡的人数分别是农村的两倍和九倍。多发的疾病和较高的死亡率，导致工人们生活在过大的精神压力之下，他们不再对生活充满希望，内心的道德素养每况愈下。

在《德意志意识形态》中，马克思恩格斯明确提出科技发展引起的分工加速了城乡分离的论断。一个国家或民族的分工，直接的影响就是劳动的细化，传统的农业劳动中逐渐分化出工商业劳动，劳动的不断细化又引起城市与乡村的分离。大量的人口涌入城市，乡村的劳动力越来越少。此外，马克思恩格斯首次提出了科技发展是人的解放的现实条件的论断。马克思恩格斯都强调人的解放"只有在现实的世界中并使用现实的手段才能实现真正的解放"。❷人的解放不仅是主观意识层面的解放，也不仅与主观意识相关，人的解放问题

---

❶　马克思，恩格斯. 马克思恩格斯文集（第一卷）［M］. 北京：人民出版社，2009：411.
❷　马克思，恩格斯. 马克思恩格斯文集（第一卷）［M］. 北京：人民出版社，2009：527.

的关键在于现实生产和生活中的社会，与工业状况、农业状况等因素密切相关。正如蒸汽机消除了奴隶制，改良的农业消除了农奴制。

在《哲学的贫困》中，马克思认为科技发展并不是造成自然环境问题的原因，相反，科技的落后才不能很好地利用自然资源。以土地为例，英国存有的大面积土地只是近些年才得以种植，因为在农业科技还不发达之时，人们对土地的认知极为有限，许多深奥的化学分析尚未掌握。同时，马克思认为资本主义科技发展对自然环境不利影响的原因之一是科技成为一种破坏的力量。历史的教训是"资本主义制度同合理的农业相矛盾，或者说，合理的农业同资本主义制度不相容"❶，因为农业中生产何种作物并不是依据土地自身的性质决定的，而是依据生产出来的农作物是否具有更高的市场价值决定的。

在《共产党宣言》中，马克思恩格斯提出了资本主义科技发展对自然环境不利影响的原因之一是科技发展创造了更多新的需求，实现了本国消费向世界消费的转变。人们不再满足于本地区的产品供给，而是更多地追求于对世界各个国家和地区产品的消费，消费空间日益增大。同时，马克思恩格斯提出以共产主义社会代替资本主义社会，可以使科技的应用更具计划性，因为可以遵循国家的计划制造劳动工具，用以开拓新的土地。

在《在〈人民报〉创刊纪念会上的演说》中，马克思强调应该由工人阶级代替资产阶级掌握科技的所有权。资本主义社会科技被资本家无偿占有，为财富积累服务，要改变这种境况，就需要由工人阶级共同占有科技，工人阶级代表了社会新生的中坚力量。

整体来看，马克思恩格斯关于科技发展对自然环境影响思想在多维发展阶段形成了丰富的理论体系，同时为思想后续的发展深化夯实了牢固的根基。

三、整体完善阶段

历经多年的扩展深化之后，自 19 世纪 50 年代后期开始，马克思恩格斯关

---

❶ 马克思，恩格斯. 马克思恩格斯文集（第七卷）[M]. 北京：人民出版社，2009：137.

于科技发展对自然环境影响思想的发展逐步形成丰富的理论体系，进入整体完善阶段。详细、深入地研究这一阶段马克思恩格斯关于科技发展对自然环境影响思想的丰富内涵，可以说，是把握其思想历史生成的收关环节。

（一）整体完善阶段的划分

从 1857 年开始，马克思恩格斯关于科技发展对自然环境影响的思想迈入一个全新的阶段。在这一阶段，他们的思想更加丰富，许多原来没有涉及的问题都得到了必要的补充和完善，马克思恩格斯关于资本主义科技发展对自然环境不利影响的深刻批判以及科技发展对自然环境有利影响的理论阐释等内容趋于完善，最后定型。鉴于此，本书将这个阶段划分为马克思恩格斯关于科技发展对自然环境影响思想的整体完善阶段。

将其思想划分入整体完善阶段的学理依据如下：从马克思恩格斯关于资本主义科技发展对自然环境不利影响的批判看，第一，马克思恩格斯更多地揭露了资本主义科技发展造成土地肥力下降和森林破坏的现象；在科技发展引起的分工加速城乡分离的理论基础上，更深入地提出了物质变换断裂理论。第二，马克思恩格斯揭示了资本主义科技发展对自然环境不利影响的原因之一在于科技的资本主义应用服务于资本而忽略了自然的界限，成为一种破坏的力量；原因之二在于科技的资本主义应用产生了新的需要，实现了本国消费向世界消费的转变；原因之三在于科技的资本主义应用造成大量的浪费，即加剧了对自然资源无偿使用造成的浪费、缩短劳动资料使用周期造成的浪费以及加剧经济危机造成的浪费。从马克思恩格斯关于科技发展对自然环境有利影响的阐释看，第一，马克思恩格斯充分肯定了科技发展对自然环境有利影响的主要表现，认为科技发展能够加强对自然的认识，形成唯物辩证的自然观；能加强对自然的应用，提高劳动生产率；能实现对土地的持续改良；能实现对生产资料的节约。第二，马克思恩格斯提出科技发展对自然环境有利影响的价值旨向是实现自然的解放基础上的人的解放，即人与自然的双重解放。

整体完善阶段的代表著作主要有《政治经济学批判（1857—1858 年手

稿)》《政治经济学批判（1861—1863 年手稿)》《资本论》《论土地国有化》《论住宅问题》《反杜林论》《自然辩证法》等。这些著作以时间为主脉，从中梳理出该阶段理论发展的生成逻辑，就可构成马克思恩格斯关于科技发展对自然环境影响思想的整体完善进程。

（二）整体完善的进程

在《政治经济学批判（1857—1858 年手稿)》中，马克思主要关注科技在资本主义社会中的应用情况，认为资本主义社会中科技是一种破坏的力量，是为产生新的需要而服务的。在资本主义社会中，科技的发展只是为了发掘自然的商品价值，满足人类无止境的需要，这就迫使科学探索整个自然界，从而发现"新的有用物体和原有物体的新的使用属性"❶，满足人们不断产生的新需要。

在《政治经济学批判（1861—1863 年手稿)》中，马克思认为科技发展能够提高利用自然的能力，实现对土地的改良。"应用改良的排灌法，实行更合理的轮作，用骨粉做肥料等等"❷，能够大幅提高农作物产量，同时可使原来肥力较差的瘠土改善成获得丰收的沃土。

在《资本论》中，马克思的相关思想有了极大的丰富和发展。第一，马克思重点揭露了科技发展造成土地肥力下降、森林破坏的现象。资本主义农业所获得的不断发展，都是以牺牲耕作的农民以及本身肥沃的土地为代价的，这是因为对于改善土壤性质的各种方法均具有短期效应，从长远来看这些方法都会导致土壤肥力下降。与此同时，森林也难逃被破坏的命运。资本主义文明的进步都是以牺牲森林资源为代价的。对利润的过分追求，导致森林被大面积砍伐，不仅造成森林锐减，而且还给自然界带来许多连锁反应。

第二，马克思正式提出科技发展引起的分工加速城乡分离，导致自然界物

---

❶ 马克思，恩格斯. 马克思恩格斯文集（第八卷）[M]. 北京：人民出版社，2009：89 - 90.

❷ 马克思，恩格斯. 马克思恩格斯文集（第八卷）[M]. 北京：人民出版社，2009：368.

质变换断裂的论断。科技的发展，最直接的结果就是引起劳动分工的细化。脑力劳动与体力劳动相分离，复杂劳动与简单劳动相分离，最终体现在工商业劳动与农业劳动的分离。由于大量的劳动者和生产资料集中在城市，城市与乡村的对立日益严重，这使得大量城市人口日常消费的物质元素无法返还给最初的土地，"从而破坏土地持久肥力的永恒的自然条件"❶。这种现象并不仅仅限于局部地区，而是已经通过商业波及世界各地。

第三，马克思揭示了科技的资本主义应用对自然环境产生不利影响的两个主要原因。第一个原因是科技的资本主义应用刺激了新的需要和消费，从量上看，实现了本国消费向世界消费的转变。交通运输工具在资本主义社会得到了质的飞跃，世界各个国家和地区交往频繁，世界市场日渐形成，人们不再满足于本国的消费品，转而把目光投向更广阔的世界市场。从质上看，科技的资本主义应用实现了必要生活资料消费向奢侈品消费的转变。由于大规模的机器投入生产，生产力大大提升，大量的商品被制造出来，而这些商品中绝大多数被"以精致和多样的形式再生产出来和消费掉。换句话说，奢侈品的生产在增长"❷。第二个原因是科技的资本主义应用造成大量的浪费。马克思系统论述了科技的资本主义应用加剧了对自然资源无偿使用造成的浪费、缩短劳动资料使用周期造成的浪费以及加剧经济危机造成的浪费。从加剧对自然资源无偿使用造成的浪费看，马克思认为自然界中广泛存在的自然力构成生产中重要的动力系统，资本家对于自然力的应用都是无须花费额外支出的。从缩短劳动资料使用周期造成的浪费看，在资本主义生产中，劳动资料特别是先进的机器在仍然可以正常工作的情况下，迫于竞争的压力，不得不被新的、生产更高效的设备所替换，这在无形中造成了劳动资料的浪费。从加剧经济危机造成的浪费看，经济危机的周期性出现，商品数量严重过剩，大量商品由于缺少购买力而被白白地损耗。

第四，马克思分析了科技发展对自然环境有利影响的主要表现。在深入研

---

❶ 马克思，恩格斯. 马克思恩格斯文集（第五卷）[M]. 北京：人民出版社，2009：579.
❷ 马克思，恩格斯. 马克思恩格斯文集（第五卷）[M]. 北京：人民出版社，2009：512.

究科技发展加强对自然的认识和应用、实现对土地持续改良等问题之后，马克思首次分析了科技发展实现对生产资料的节约。马克思认为科技发展可以实现对劳动资料和劳动对象（生产原料、动力燃料、辅助材料）的节约。从劳动资料的节约看，马克思认为建造一间大面积的厂房要比建造同等面积的多间小厂房要节约。从生产原料的节约看，马克思认为化学的持续发展不仅使人们发现新的物质或是旧的物质的新功能，与此同时，还可以把生产中产生的大量废弃物转化为新的生产资料重新利用，从而实现废物的循环利用，减少废弃物的排放。从动力燃料的节约看，以康沃尔蒸汽机和伍尔夫双缸蒸汽机为例，这种新的蒸汽机可以把每小时耗煤量由原来的 12 磅降低到 4 磅左右，极大地减少煤炭的用量却达到原来同样的效果。从辅助材料的节约看，"机器零件加工得越精确，抛光越好，机油、肥皂等物就越节省"❶。在这里，马克思侧重立足于唯物史观的基本立场，从社会生产的维度考察科技发展对节约生产资料的重要作用。

在《论土地国有化》中，马克思认为"使土地国有化越来越成为一种'社会必然'"❷。因为土地国有化可以为大规模的农业生产提供用地保障。相比于小规模、分散化的农业生产方式，大规模的耕作方式更能够充分发挥机器化生产的特有优势，增加农业生产的收益。

在《论住宅问题》中，恩格斯一方面继续关注无产阶级生活环境遭受的破坏，另一方面提出需要变革资本主义制度。在现有的资本主义制度条件下，任何问题的解决都是不可能的，资本主义社会只会使得现有的矛盾更加激化，因此，需要从社会制度上实现变革。

在《反杜林论》中，恩格斯主要分析了两个方面的内容。第一个方面，针对科学发展与人类自然观的形成问题，恩格斯认为近代科学促使人类形成一种形而上学的自然观。科学新发现的不断出现，越来越清晰地证明自然界是处于不断联系和发展的过程中，促使人类形成唯物辩证的自然观。起初，人们并

---

❶ 马克思，恩格斯. 马克思恩格斯文集（第七卷）［M］. 北京：人民出版社，2009：117.
❷ 马克思，恩格斯. 马克思恩格斯文集（第三卷）［M］. 北京：人民出版社，2009：230.

不认为自然界是一个处在不断变化的过程，而是用孤立、静止的观点认为它是亘古不变的，这种观察自然的思维方式形成一种形而上学的自然观。要想转变形而上学的自然观，必须依靠自然科学的进步，只有自然科学的不断深化和扩展，才能更好地发现自然的秘密，为人类形成科学的、辩证的自然观提供新的认识基础。恩格斯高度肯定了现代自然科学在这方面所起的重要作用，越来越多的研究结果表明，"自然界的一切归根到底是辩证地而不是形而上学地发生的"❶。第二个方面，针对科技发展在实现人类自由中的作用问题，恩格斯认为自然科学发展对自然规律正确的认识是实现人类自由的前提。所谓的人类自由是必然建立在充分认识自然规律、完全按照自然规律行事的基础上的自由，不是违背自然规律主观意识上的自由。同样，技术发展促进社会生产力的高度发达为人类自由奠定了充分的物质基础，人们不再担忧个人的生活资料问题，从而实现"真正的人的自由"。

在《自然辩证法》中，恩格斯同样对人类由于受到近代科学的影响形成的形而上学的自然观进行了批判，囿于自然科学发展的局限性，人们更加关注自然界在空间上的拓展，用静止的观点看待自然，相对地忽略了自然界在时间上的发展演化。此外，恩格斯特别强调了科技发展对于人类认识自然的重要作用。人们对于自然规律的理解越来越深入，已经认识到人类对自然界的干扰可以产生较短时间以及较长时间的影响。伴随自然科学在 19 世纪的快速发展，人们对自然的了解也愈加深入，以致于能够"控制那些至少是由我们的最常见的生产行为所造成的较远的自然后果"❷。

在整体完善阶段，马克思恩格斯关于科技发展对自然环境影响思想的理论运动呈现出两条进路：其一是横向上理论体系趋于完善，涵盖的内容体系更具整体性；其二是纵向上理论思考日趋深入，体现了严谨的科学性。至此，马克思恩格斯关于科技发展对自然环境影响思想的生成历程宣告结束。值得特别阐明的是，恩格斯在晚年对于马克思的相关思想又有一定程度上的丰富和发展，

❶ 马克思，恩格斯. 马克思恩格斯文集（第九卷）[M]. 北京：人民出版社，2009：25.
❷ 马克思，恩格斯. 马克思恩格斯文集（第九卷）[M]. 北京：人民出版社，2009：560.

特别是在《反杜林论》和《自然辩证法》两部著作中，恩格斯重点分析了科学进步与人类自然观的形成二者之间的关系问题，他认为人类自然观的形成与自然科学的发展紧密相关，特别是19世纪自然科学的三大发现，促使人类由形而上学的自然观开始向辩证的自然观发生转变。

第四节 主要特征

马克思恩格斯关于科技发展对自然环境影响的思想，是为了揭露科技在资本主义应用中对自然环境造成破坏的现象，揭示现象背后存在的社会制度问题这一根本原因，以便更好地找到解决之法，使广大无产阶级摆脱与自然环境分离之痛，实现自然的解放基础上人的解放。这一思想体系呈现出严谨的科学性、彻底的批判性、鲜明的实践性和深厚的人文性特征，对这些主要特征的分析，有助于我们更加全面、深刻地把握马克思恩格斯关于科技发展对自然环境影响的思想。

一、严谨的科学性

马克思恩格斯关于科技发展对自然环境影响的思想具有严谨的科学性，这一方面体现在以辩证唯物主义和历史唯物主义为哲学理论基础，另一方面体现在逻辑严谨的整体性思想体系。

（一）理论基础具有科学性

马克思恩格斯关于科技发展对自然环境影响思想的理论基础是辩证唯物主义和历史唯物主义，这是马克思恩格斯最根本的世界观和方法论。以此为遵循，马克思恩格斯辩证地、历史地看待科技发展对自然环境的影响。

1. 辩证地看待科技发展对自然环境的影响

马克思恩格斯关于科技发展对自然环境影响思想的核心就是如何看待科技发展对自然环境的影响。综观马克思恩格斯对这一问题的阐述，可以看出他们思想的辩证性，一方面，他们批判资本主义科技发展对自然环境带来的破坏；另一方面，他们肯定了科技发展本身对自然环境具有重要的有利效用。资本主义科技发展对自然环境的破坏，是马克思恩格斯科技发展与自然环境关系思想的现实起点。随着以科技为基础的资本主义大工业迅速发展，环境污染问题也日益严重，马克思恩格斯高度重视诸如空气污染、河流污染、土地肥力下降、森林破坏等问题，与此同时，马克思恩格斯也充分肯定了科技发展对于自然环境的有利作用。他们认为科技发展能够加强人类对自然的认识，形成正确的、唯物辩证的自然观，更好地实现对自然的应用、土地的改良以及生产资料的节约。

2. 历史地看待科技发展对自然环境的影响

马克思恩格斯从社会发展的历史维度看待不同时期科技发展对人与自然关系的影响。在前资本主义社会，人类对于自然的认识和利用尚浅，在这种状况下，科技发展对自然环境的影响十分有限。在资本主义社会，科技发展对自然环境产生严重的不利影响。在这一时期，科技虽然得到了飞速的发展，但是科技为资本家所占有，是资产阶级创造财富、积累资本的有力工具，忽视了自然的承载能力，超越了自然的界限。在共产主义社会，科技发展对自然环境的有利影响体现出独特的优势。科技被无产阶级共同占有代替资产阶级单独占有，科技用来保障全体人民的共同利益代替为资产阶级积累资本。科技的共产主义应用具有了计划性和补偿性，科技引发的分工导致城乡对立的物质变换断裂问题也得以解决。

（二）思想体系具有科学性

马克思恩格斯关于科技发展对自然环境影响的思想是一个逻辑严谨、体系完整的体系。虽然从形式上相关思想分布在他们众多著作之中稍显零散，但是通过对这些论述蕴含的观点进行分析，能够发现它们构成了一个完整的内在逻辑关联的思想体系。

1. 关于科技发展对自然环境影响的思想的论述散布在诸多著作之中

如前所述，科技发展对自然环境影响的问题并不是马克思恩格斯的主要论域，他们并没有对此进行过专题的探究。诚然，马克思在《资本论》及其手稿中关于科技发展对自然环境影响的问题进行过较为集中的阐述，恩格斯在《英国工人阶级状况》《反杜林论》《自然辩证法》中有过详细的探讨，但这些只是相对较多的论述而非系统的论述。除此之外，马克思恩格斯关于科技发展对自然环境影响的思想还广泛地散布在其他著作中，如《1844年经济学哲学手稿》《德意志意识形态》等经济学、哲学著作，《共产党宣言》等政治纲领性文献，《在〈人民报〉创刊纪念会上的演说》等重要演说，以及《马克思致恩格斯》《马克思致阿道夫·克路斯》《恩格斯致马克思》《恩格斯致尼古拉·弗兰策维奇·丹尼尔逊》等通信。总之，马克思恩格斯关于科技发展对自然环境影响思想的论述较为分散，有的著作论述较多，有些则论述略减。

2. 分散的论述构成具有内在逻辑联系的思想体系

阐述形式对于思想来说固然重要，但是更重要的是思想自身蕴含观点的深刻性。因此，马克思恩格斯关于科技发展对自然环境影响思想的论述虽然比较零散，但是通过仔细梳理相关论述就可以发现其中蕴含着逻辑严密的观点。根据上一章的内容可知，马克思恩格斯既有对资本主义科技发展造成自然环境破坏的深刻批判，也有关于科技发展对自然环境有利影响的理论阐述，从"破"与"立"的结合揭露了资本主义科技发展造成自然环境破坏的现象，揭示了资本主义科技发展造成自然环境破坏的原因，批判了资本主义科技发展造成自然环境破坏导致无产阶级与自然环境分离的价值取向，同时又阐述了科技发展对自然环境具有的重要作用，分析了不同社会制度下科技发展对自然环境影响的区别，指明了实现自然的解放基础上人的解放的价值旨向。上述所有内容构成了内在联系的有机整体，是一个完整的思想体系。这一思想体系逻辑严谨、层次分明，具有科学性的重要品质。

二、彻底的批判性

马克思恩格斯关于科技发展对自然环境影响的思想具有彻底的批判性。这主要体现在两个方面：一个方面是对思想观念的批判，即对形而上学自然观的批判；另一个方面是对资本主义社会现实的批判，即对资本主义科技发展造成自然环境破坏的批判。

（一）批判形而上学的自然观

马克思恩格斯认为，形而上学的自然观是科技发展造成自然环境破坏的原因之一。一方面，近代科学形成的形而上学的自然观，着重强调主体与客体的二元对立，看不到二者的辩证统一。形而上学的自然观把客体的自然界仅仅看成理论客体，并不能深入人类社会生产实践来看待科技发展对自然环境的影响，也就难以发现背后真正的原因，却把主体地位过分凸显，认为自然界只是满足人类需求的对象，遮蔽了人类对于科技发展造成对自然环境破坏的认识论反思。另一方面，近代科学形成的形而上学自然观只是强调静止性和还原性，忽视了自然的历史性和有机性。形而上学的自然观既不能从历史的眼光看待科技发展对自然环境造成的较远的影响，又不能从整体的眼光看待科技发展对自然环境造成的全局的影响。对于形而上学的自然观的批判，恩格斯在《反杜林论》《自然辩证法》中进行了详细的揭示。形而上学的自然观以静止的观点看待自然，认为自然是一成不变的存在，忽略了时间上的历史发展过程；以孤立的观点看待自然，认为自然是机械地组合在一起，忽略了空间上的有机联系。

（二）批判科技的资本主义应用

马克思恩格斯毕生都致力于对资本主义的批判，其中就包括了对科技的资本主义应用的批判。马克思恩格斯都认为科技的资本主义应用是科技发展造成自然环境破坏的根本原因，相关批判主要集中在《资本论》及其手稿中。第一，马克思恩格斯批判了科技的资本主义应用服务于资本积累而忽略自然的界限，使科技成为一种破坏自然的力量，科技沦落为被资本家无偿占有的工具。第二，马克思恩格斯批判了科技的资本主义应用刺激了新的、虚假的需要和消费。资本主义商品的生产不是为了满足人们的实际需求，而是引导人们产生新的、虚假的需要，从而更好地赚取利润。这就促使人们的消费发生了两个转变，科技促使世界市场的形成引发了本国消费向世界消费的转变，科技为基础的机器大生产引发了必要生活资料消费向奢侈品消费的转变。资本主义大量生产、大量消费的生产生活模式从资本主义国家扩展至全世界，这在极大程度上加重了对自然的过度开发利用。第三，马克思恩格斯批判了科技的资本主义应用造成的浪费。科技的发展虽然帮助人类更好地利用自然，但是科技的资本主义应用把自然当作无偿使用的对象，不费资本家分文。资本主义生产的逐利性使得过量商品充斥于市场，相反，无产阶级限于贫困而无力购买，大量的商品被白白地浪费。

三、鲜明的实践性

马克思恩格斯关于科技发展对自然环境影响的思想具有鲜明的实践性。显然，马克思恩格斯的全部理论活动并不只是为了纯粹的理论批判，更重要的是在实践中推翻资本主义的不合理存在，实现全人类的解放。一方面，马克思恩格斯从实践的角度考察了科技发展对自然环境的影响，另一方面，他们强调在变革资本主义社会实践功能的基础上保障科技发展对自然环境的有利影响。

（一）从实践的角度考察科技发展对自然环境的影响

一方面，科技、自然本身都具有实践的属性。科技作为人类物质实践和精神实践共同的结晶，自始至终都离不开人类实践活动。自然在马克思恩格斯的视域中，从来都不是与人无关的自然，而是与人类实践活动密切相关的劳动对象的自然。另一方面，马克思恩格斯从物质生产实践中考察科技发展对自然环境的影响。例如，在阐述资本主义社会发生物质变换断裂的原因时，马克思恩格斯从科技发展引起生产方式中分工的变化，从而加速城乡分离的视角给予了说明；在阐述人们发生必要生活资料消费向奢侈品消费的转变时，马克思恩格斯从科技发展为基础的机器大生产的视角给予了说明；在阐述科技的资本主义应用造成的大量浪费时，马克思恩格斯认为其中的一个原因就是缩短劳动资料使用周期；在阐述科技发展对自然环境具有重要的有利效用时，马克思恩格斯重点说明了科技创新发展能够实现对生产资料的节约。

（二）凸显变革资本主义社会的实践功能

在马克思恩格斯那里，科技发展对自然环境不利影响的理论批判从属于资本主义现实基础上的实践批判。马克思恩格斯的目的是推翻科技发展对自然环境造成破坏的资本主义社会本身。在资本主义制度下科技发展必然会对自然环境产生严重的破坏，而这种现象的产生与资本主义制度不无关系。因此，为了规避科技发展对自然环境产生的破坏，实现对资本主义社会的超越是解决问题的根本所在，具有历史的必然性。只有在共产主义社会中，科技才是真正地由无产阶级共同占有，科技的应用也具有了计划性和有偿性，在资本主义社会中存在的城乡对立导致的物质变换断裂问题也能得以破解，从而为自然的解放和人的解放奠定社会基础。

四、深厚的人文性

马克思恩格斯关于科技发展对自然环境影响的思想具有深厚的人文性。通过分析基本观点可以发现，马克思恩格斯对于资本主义科技发展造成自然环境破坏的批判自始至终都立足于对广大无产阶级的关怀。为此，马克思恩格斯关于科技发展对自然环境影响的思想既充满对无产阶级与自然相分离的深切同情，也充满对实现自然的解放基础上人的解放的前景展望。

（一）充满对无产阶级与自然相分离的深切同情

马克思恩格斯关于科技发展对自然环境影响思想的起点和出发点都是从无产阶级与自然相分离的状况开始的。早期的著作如《伍珀河谷来信》、《1844年经济学哲学手稿》和《英国工人阶级状况》等，开始关注这一主题，并贯穿于整个思想形成发展的过程。马克思恩格斯深切地感受到，由于科技的资本主义应用，无产阶级根本无权享有自然资源，就连任何动物都享有的大自然恩赐的阳光、空气、清水对于他们来说也是奢侈品，他们自己双手创造的物质财富也不属于他们，而只能占有仅仅够他们及家人维持最基本的生活和延续的少量资源。无产阶级在以科技为主导的资本主义大工业下，不仅使人的身体同人相异化，同样也使在人之外的自然界同人相异化，人的无机的身体即自然界被夺走了。更为糟糕的是，无产阶级必须生活在严重破坏的自然环境之中。在资本主义生产中，资本家不断掠夺工人的劳动条件，广大工人长期工作在环境恶劣的生产车间，厂房的高温、充满原料碎屑的空气、震耳欲聋的嘈杂声时刻困扰着工人，傅立叶称之"温和的监狱"。长期生活在被破坏的自然环境之中，无产阶级的身体和精神受到了无情的摧残，许多人身患疾病而又无力医治，甚至牺牲了宝贵的生命。

（二）充满对自然的解放基础上人的解放的前景展望

马克思恩格斯不仅充分表达了对无产阶级悲惨境遇的深切同情，而且科学地论证了自然的解放基础上人的解放。这两个部分具有密不可分的联系性，前者是后者的缘由，后者是前者的逻辑延伸。马克思恩格斯认为，自然的解放是人的解放的前提和基础，科技在实现自然的解放的过程中，为人的解放奠定了基础，可以说，科技发展是人的解放的现实条件。为此，解放是一种由工业状况、农业状况等促成的一种历史活动。只有科技持续进步，人类才能更好地认识自然、利用自然，解放人的劳动力，实现自由全面的发展。要实现人类的解放，未来所要达到的共产主义社会必将是人类依靠科技充分利用自然，社会生产力极度发达的社会，人们不再担忧个人的生活资料问题，从而实现真正的人的自由。可以说，马克思恩格斯始终站在无产阶级的立场上，为实现每个人的解放和自由坚持不懈。

　　通过对马克思恩格斯关于科技发展对自然环境影响思想的深入剖析，可以解读出其思想中蕴含着严谨的科学性、彻底的批判性、鲜明的实践性以及深厚的人文性特征。这有助于我们更加全面深入地把握马克思恩格斯关于科技发展对自然环境影响的思想，并将其与其他研究理论相区别，凸显马克思恩格斯相关思想的独特性。

第二章

**马克思恩格斯关于科技发展
对自然环境有利影响的分析**

人类与动物的一个不同在于人可以通过科技来改造自然、利用自然，也就是说，人类并不能回到科技刚刚产生的阶段，科技发展是历史发展的必然趋势，它的一个重要价值旨向就在于实现对自然环境的保护与改善。换言之，只有在保持人与自然关系和谐的基础上，科技才能得以稳步向前发展。那么，马克思恩格斯是如何看待科技发展对自然环境的重要作用和价值呢？如果把马克思恩格斯所阐述的内容归纳起来，科技发展对自然环境的有利影响大致可分为三个方面：一是科技发展对自然环境的有利影响主要表现为可以深化对自然的认识和应用，实现对土地的改良，实现对生产资料的节约；二是科技发展对自然环境的有利影响与社会制度密切相关；三是科技发展对自然环境有利影响的价值旨向是实现自然的解放基础上人的解放。

第一节　科技发展对自然环境有利影响的主要表现

马克思恩格斯高度肯定了科技发展对于自然环境的重要作用，认为科技发展对自然环境产生许多有利的影响，具体体现在三个方面：科技发展深化对自然的认识和应用，实现对土地的改良，实现对生产资料的节约。

一、自然认识和应用的深化

面对深奥莫测的自然界，人类已经积累的科学知识还远远不足以了解它，仍然存在难以估量的未知需要人类持续不断地探索发现。只有科技持续地不断进步，人类才能更好地认识自然，利用自然。

（一）自然认识的深化

当科技发展较为落后时，人们对于自然的认识极其有限，更多的是迷惑与敬畏并存的心绪，更谈不上对自然的有效利用。为此，马克思恩格斯认为随着科学的不断进步，人类才能够逐步摆脱对自然的迷信，丰富和深化对自然的认识，从而树立正确的科学的自然观。可以说，资本主义社会一方面把科学作为资本家利用自然、创造剩余价值的工具，另一方面在一定程度上也加速了科学的发展，使人类摆脱了对自然的蒙昧状态。科学在资本的驱使下加速了自身的发展，因为赋予科学以新的任务，那就要扩大对整个自然界的研究为人类生产服务，于是科学发展得越快，人类对自然的认识也就更加深入。在《自然辩证法》中，恩格斯认为人类在进化过程中，头脑首先对某些存在的生产生活条件产生意识，后来在某些环境较好的民族中，产生了对相关自然规律的理解，久而久之，人类关于自然规律的认识越来越深刻和准确，也就拥有了越来越丰富的技能，从而充分地利用自然。人类之所以能够这样，"就在于我们比其他一切生物强，能够认识和正确运用自然规律"❶。人类对自然奥秘的理解越来越深入，逐渐可以预测到干预自然界而形成的原来所不能预知的诸多变化，在一定程度上预防人类不恰当行为带给自然环境的不良影响。可见，对于自然规律的正确认识，构成了人类利用自然的基础，科学的不断进步能够帮助人类更加准确地预测人类行为对自然界的影响，从而作出有效、合理的判断。

此外，在《社会主义从空想到科学的发展》中，恩格斯认为新康德主义提出的不能认识自然背后秘密的自然观虽然是唯物主义的，但它囿于科学的落后，并没有预见到科学的发展对人类认识自然的重要作用。康德之所以会认为存在于人们身边的事物都隐藏着不可探求的"自在之物"，是因为在康德的那个年代，人们对自然界事物的认识还很有限。但是这些当时不能被人们所认知

---

❶　马克思，恩格斯. 马克思恩格斯文集（第九卷）［M］. 北京：人民出版社，2009：560.

的事物，借助于科学的发展，如今已经被人们正确地认识和掌握。所以，我们不能再把它们当作不可认识的事物了。以19世纪上半叶化学领域的有机物为例，当时的有机物对于人们来说还是充满奥秘的物质，但是如今人们"不必借助有机过程，就能按照有机物的化学成分把它们一个一个地制造出来"❶。化学家甚至认为，在研究得知任何物质内部结构之后，都能够将其完成制作。恩格斯认为不可知论是特定历史阶段的产物，科学的日益进步，人类逐渐解开"自在之物"之谜，凭借对自然规律的掌握，甚至可以达到对自然的干预。在《资本论》中，马克思同样着重强调了化学的进步增加了有用物质的数量和这些物质的用途。

以上论述表明，科学的发展程度决定了人类对自然的认识程度。科学越发达，人类对自然的认识越丰富、越深刻，这在很大程度上改善了人与自然之间的关系。当科学还处于萌芽阶段或是不发达之时，人类在自然面前具有很大的被动性，对于种种自然现象大都不能理解，所以只能把自然奉为充满神力的神灵，具有统治世间万物的能力。随着科学的进步，特别是自然科学知识的进步，人类开始逐渐认识自然的本来面目，逐渐把握自然的种种规律，使人类在自然面前由蒙昧变为开明，由被动变为主动。在此基础上，人类才改变了以往在自然面前的被动状态，通过对自然规律的认识和掌握，可以主动地开发利用自然，同时还具有了一定的预测能力，即能够预测和判断人类的某些行为对自然造成的可近可远、可大可小的影响，虽然这种预测并不会具有必然的准确性，但是在一定程度上还是比较可靠的。

与此同时，自然科学的持续发展有助于人类形成唯物辩证的自然观。正如恩格斯在《反杜林论》中所言，"自然观的这种变革只能随着研究工作提供相应的实证的认识材料而实现"❷。自然科学的进步，已经为人类自然观的改变提供了大量新的事实材料，这些新的客观依据足够说明自然界是辩证发展的。为此，那些保守的、持有形而上学自然观的人也开始慢慢接受自然界具有的辩

❶ 马克思，恩格斯. 马克思恩格斯文集（第三卷）[M]. 北京：人民出版社，2009：508.

❷ 马克思，恩格斯. 马克思恩格斯文集（第九卷）[M]. 北京：人民出版社，2009：28.

证属性。恩格斯评价他和马克思是第一个将辩证法与唯物主义自然观结合起来的，因为"要确立辩证的同时又是唯物主义的自然观，需要具备数学和自然科学的知识"❶。

具体而言，从康德提出星云假说开始，特别是之后被恩格斯誉为 19 世纪最重要的三大自然科学发现即能量守恒和转换定律、细胞学说、生物进化论的提出极具代表性地证明了形而上学自然观的谬误之处，从而为唯物辩证自然观的确立提供了准确可靠的事实材料。康德星云假说的提出，最先使人们对形而上学的认知观念产生怀疑，自然也并不是完全没有时间维度上的历史性。能量守恒定律也不再是被概括为运动既不能消灭也不能创造的表述，而是更多地强调能量的转化过程，即自然界的一切运动都是一种形式向另一种形式的转化过程，关于自然的所有认知都可以综合为对转化过程的认知。细胞学说表明一切机体都是通过细胞的繁殖分化生长的，一切多细胞的机体都共同遵循同一规律的过程。生物进化论证实自然界中的植物与动物之间并不存在明显不可跨越的边界，这种难以逾越的边界已经开始渐渐消逝。为此，恩格斯这样总结：三大发现以及自然科学在其他方面的巨大进步，使我们可以很清楚地认识到自然界是一个普遍联系的有机整体。

也就是说，自然科学的发展为唯物辩证的自然观提供了现实材料，使人类形成唯物辩证的自然观，当人类形成这种辩证思维的方式，就会更加容易理解自然界具有的辩证属性。与此同时，唯物辩证的自然观作为一种正确的、符合自然规律的人类认识，必须用它来改造近代科学，推进关于自然的科学研究，不再局限于局部的、静态的层面，而是把自然看成相互关联的整体，形成大科学的观念。只有在唯物辩证自然观的指导下，人类才能正确地认识和把握自然规律，把自然看成一个普遍联系的有机整体，打破以往人类对于自然的机械性认识，使自然重新返魅，树立尊重自然、顺应自然、保护自然的理念。正如恩格斯所言，树立唯物辩证的自然观，人类才可能发现所有已经取得的知识体系

---

❶ 马克思，恩格斯. 马克思恩格斯文集（第九卷）[M]. 北京：人民出版社，2009：13.

都是存在局限性的，都是受到当时客观条件的限制的，"今天被认为是合乎真理的认识都有它隐蔽着的、以后会显露出来的错误的方面"❶。

如上所述，科学的发展让人类更好地认识自然，顺应自然，形成一种科学的自然观，从而奠定了人类与自然环境关系和谐的基础。自然观作为一种人类的主观认识，并不是从来就有的，也不是人类单纯地在头脑中主观想象出来的，而是要依托于自然科学的进步。自然科学为人类认识自然提供了现实的材料，特别是近代科学快速发展以来，已经有越来越多的事实证明自然是一个不断运动、变化和发展的有机整体，原有关于自然静止的形而上学的观点已经不合时宜。在此基础上，人类逐渐形成科学的、唯物的、辩证的自然观，这既有利于人类正确地认识自然、把握自然规律，同样也有利于自然科学的良好发展，从而帮助人类与自然形成友好的、和谐的关系。

（二）自然应用的深化

科学发展拓宽了人类对自然的认识，但科学作为人类观察自然界的一种意识的结晶，并不能直接作用于自然，这就需要通过技术把科学发现变成现实力量。马克思资本主义大工业遵循的原则就是把社会生产中的各个流程分解为关于自然科学的系统性的应用。社会生产只有通过技术才能实现对自然力的应用，技术发展能够更好地利用自然资源，实现劳动生产率的提高。当然，技术对于生产力的重要作用离不开科学的发展这一前提和基础。

1. 科技发展加强对自然力的应用

人类的生产生活离不开对自然力的应用，然而自然力作为自然界的固有力量并不能直接被人类所应用，马克思恩格斯认为只有通过技术才能实现对自然力的应用。在《资本论》中，马克思以人的呼吸需要肺为例，说明人类要实现对自然力的应用，离不开技术条件的支撑，就比如"要利用水的动力，就

---

❶　马克思，恩格斯. 马克思恩格斯文集（第四卷）[M]. 北京：人民出版社，2009：299.

要有水车，要利用蒸汽的压力，就要有蒸汽机"❶。如果要充分地将自然力为人类掌控，人类必须依靠技术的力量，甚至是采用技术工程的形式，这一点在人类的生产史上具有重要的影响。在《机器。自然力和科学的应用（蒸汽、电、机械的和化学的因素）》中，马克思强调自机器的广泛应用以来，水力、风力才开始广泛地参与物质生产实践，成为物质生产实践中非常重要的物质力量。也可以说，"自然力作为劳动过程的因素，只有借助机器才能占有"❷。技术作为人类利用自然的中介和手段，无论是简单的工具还是造福人类的复杂工程技术，都使得自然力为人类社会所用，成为社会劳动的重要组成元素。在《自然辩证法》中，恩格斯提出"工具意味着人所特有的活动，意味着人对自然界进行改造的反作用，意味着生产"❸。

科技的发展推动生产技术不断演变，也改变了以往人类利用自然的被动状态，标志着人类开始主动利用自然。越来越多新工具的出现，意味着人类利用自然能力的增强。特别是在工具发展的初期，人类利用自然力的能力还很有限，工具的进步在人类利用自然力的过程中发挥了非常巨大的重要作用，人类逐渐从自然界中独立和解放，逐渐摆脱动物式的被动状态，开始积极主动地用各种各样的方式利用自然、改造自然，自然也真正成为人类认识和利用的对象。

2. 科技发展提高劳动生产率

人类作为自然界的一部分，需要从自然界获取大量资源，马克思恩格斯认为技术发展能够更好地利用自然资源，实现劳动生产率的提高。在《资本论》中，马克思就惊叹于工场手工业时期工人劳动工具的细化。以伯明翰为例，该地区生产出大约 300 种不同种类的锤，不但每一种锤只适合于一个特殊的生产流程，而且往往许多种锤用于同一过程的操作。可以说，劳动生产率主要取决于劳动工具的完善程度。

---

❶　马克思，恩格斯. 马克思恩格斯文集（第五卷）[M]. 北京：人民出版社，2009：444.
❷　马克思，恩格斯. 马克思恩格斯文集（第八卷）[M]. 北京：人民出版社，2009：356.
❸　马克思，恩格斯. 马克思恩格斯文集（第九卷）[M]. 北京：人民出版社，2009：421.

（1）技术发展提高了利用自然资源的能力。

在《资本论》中，马克思认为机器被普遍地应用于生产当中，这有助于"同数工人在同一时间内可以把更多的原料和辅助材料转化为产品"❶。产业越进步，自为自然的界限也就越退缩。例如，经过改良之后的蒸汽机，和过去同等的蒸汽机相比，平均可以增加50%以上的功效。在《政治经济学批判（1857—1858年手稿）》中，马克思提出，随着技术的不断进步，社会生产的能力已经不再依靠单纯地增加劳动时间，而是"较多地取决于在劳动时间内所运用的作用物的力量"❷。随着技术的发展，人类作用于自然的力量越来越强，无论是在广度上还是深度上，人类对自然资源的利用都获得了极大的提高。在《英国工人阶级状况》中，恩格斯肯定了机器的改良在毛纺业完全获得了成功，因为在1782年前后，英国剪下的羊毛因为缺少工人而被完全搁置了，只是有了新发明的机器才使得所有羊毛都被纺织出来，没有造成浪费。此外，随着机器的发展，人们更有利地开发矿藏资源，在先进设备发明之前，丰富的矿产资源并不能为人类所利用，直到蒸汽机的发明，才使得这些宝贵的资源可以更好地为人类所利用。先进的机器出现之前，英国的丰富的铁矿很少得到开采，因为作为燃料的木炭稀少而且价格昂贵，后来实现了焦炭炼铁，再后来发明的新方法能够把用焦炭熔炼的、以前只能作为铸铁使用的那种铁变成可用的锻铁，才为铁的生产开辟了新的地盘。

以上可知，科技发展提高利用自然资源的能力体现在两个维度。一是提高利用自然资源深度的能力，在与原来同样多的时间里，技术的提高可以大幅提升生产力，将更多的生产原料转化为商品，以及原来无法利用的生产废料由于新的生产工艺的出现而又重新得以利用。所以，无论是传统农业、工场手工业，还是资本主义大工业，都得到了繁荣的发展。二是提高利用自然资源广度的能力，许多原来不能利用的自然资源随着生产工具的发展都得到很好的利用，丰富的矿产资源、海洋资源等都是在机器设备水平得到大幅提升之后才得

---

❶　马克思，恩格斯. 马克思恩格斯文集（第七卷）[M]. 北京：人民出版社，2009：236.

❷　马克思，恩格斯. 马克思恩格斯文集（第八卷）[M]. 北京：人民出版社，2009：195－196.

以利用的。

（2）技术发展缩短了生产时间。

在《资本论》中，马克思列举了冶金工业和化学工业中的例子说明这种情况。例如，工业中进行炼铁炼钢需要很长的时间才能完成，直到西门子、贝色麦、吉尔克里斯特—托马斯等人发明了一种新的方法，不仅降低了生产费用，而且大大缩短了生产时间。再如，如果采用传统的方法在茜草中提取染料，茜草不仅产量很少，而且需要数年的生长时间，由于技术的进步，现在可以从煤焦油中提炼茜素或茜红染料，通过这种新方法，数周时间就能够完成染料提取。技术的发展，使人类不仅可以更好地利用自然资源，而且可以通过对自然规律的掌握，实现对自然过程的再复制甚至是加速完成。近代以来，人类在坚实的科学基础和技术条件下，不仅能够认识和掌握自然规律，而且还可以在生产过程中人为地模拟创造自然条件，这就可以在一定程度上摆脱自然条件的种种限制，缩短生产过程中部分工艺的劳动时间，提高劳动生产率。

3. 科学发展是技术得以利用自然的基础

技术作为生产力的主要标志，技术的发展意味着生产力的飞跃，马克思恩格斯认为，技术对于生产力的重要作用离不开科学的发展这一前提和基础。在《资本论》中，马克思认为社会化大生产中的工作效率与自然科学的持续发展密切相关，社会化大生产的提高在一定程度上应该"归结为脑力劳动特别是自然科学的发展"❶。在《政治经济学批判（1857—1858 年手稿）》中，马克思认为固定资本的发展足以表明知识已经在极大的程度上变成直接的生产力，整个社会生活条件都受到一般智力的控制。在《机器。自然力和科学的应用（蒸汽、电、机械的和化学的因素）》中，马克思认为技术的发展使人类可以充分地开发更多的自然资源，但这个过程同样也是自然科学不断进步的过程，可以说，"每一项发现都成了新的发明或生产方法的新的改进的基础"❷。早在《英国工人阶级状况》中，恩格斯就赞赏了科学的发现为技术的发明应用奠定

---

❶　马克思，恩格斯. 马克思恩格斯文集（第七卷）［M］. 北京：人民出版社，2009：96.

❷　马克思，恩格斯. 马克思恩格斯文集（第八卷）［M］. 北京：人民出版社，2009：356.

了基础。例如，漂白业由于在化学漂白中以氯代替氧，染色业以及印花业由于化学的进步，都实现了很大的发展。在资本主义社会，迫于激烈的竞争压力，企业的社会化生产对于新的生产工艺和先进的生产设备的需求尤为迫切，这就对技术的发展提出更高的要求和期望。在这种条件下，科学与技术之间的联系必然会越来越紧密，科学作为技术的基础，也同样得到了高度重视。科学与技术的共同发展，极大地促进了生产力的高速发展，加速了人类对自然资源的开发利用。

上述表明，技术作为人类改造自然的中介，技术的进步增强了人类对自然力的应用，提高了劳动生产率，一是表现在技术的进步能够更好地开发自然资源，二是表现在技术的进步能够大大缩短生产过程中耗费的劳动时间。当然，技术的发展离不开科学的发展作为支撑，二者共同促进了生产力的发展。

二、土地的改良

在资本主义大工业兴起之前，农业一直是人类生产生活的重要依靠。然而，受限于科技的落后，人类的农业生产基本是处于"靠天吃饭"的状态。随着科技的不断进步，人类在农业生产中才具有主动性。马克思恩格斯认为，科技发展实现了对土地的有效改良，其中具体探讨了科技改良土地的必要性、本质、主要作用和科技在土地中广泛应用的基础条件等内容。

（一）科技发展改良土地的必要性

一方面，马克思恩格斯认为土地肥力和科技密切相关，土地肥力的保持离不开科技的作用。在《哲学的贫困》中，马克思谈到土地作为固定资本也同流动资本一样具有损耗性，为了保持土地肥力的持久性，需要对土地进行持久性的改良。例如，罗马坎帕尼亚地区、巴勒斯坦、西西里岛这些昔日繁盛一时的地区最终都走向了衰落，其中部分原因就与土地肥力的衰退相关。在《不列颠在印度统治的未来结果》中，马克思认为交通运输业的发展能够为农业更好地服务，因为在取土的地方修建水库可以为沿线地区供水，"常常因为缺水而造成的地区性饥荒就可以避免"❶。在 1868 年《马克思致恩格斯》的信中，马克思非常认可弗腊斯提出的观点，即如果不主动采取手段改良土地，而是顺其自然，那么就会像波斯、希腊以及美索不达米亚等地一样出现土地萧条的情况。在 1853 年《恩格斯致马克思》的信中，恩格斯强调土地的肥力并不是只靠自然条件进行维持，而是与人工的改良紧密相关，如果灌溉系统遭受摧毁，那么土地的性能也会随之出现严重的下降，因此，可以解释某些土地原来适宜耕作，现在却成了不毛之地，呈现一片荒芜的景象。可见，土地肥力虽然是自然的产物，但它同时也离不开社会因素的影响。如果没有人类使用科技的干预，土地肥力并不能长久保持，相反，还会走向荒芜。土地作为自然的重要组成部分，土地肥力本身受到自然条件的影响，随着自然条件的改变而不断变化，即土地肥力有可能越来越高，但也有可能越来越低。当人类通过物理的或者是化学的方法对土地进行人工干预的改良之后，就可以实现对土地肥力的恒久保持或是提升，科技的重要性也就得以充分体现。

另一方面，马克思恩格斯认为，在农业生产中以先进的科技代替落后的科技是社会发展的必然趋势。恩格斯早在《英国工人阶级状况》中就已指出，小土地所有者的自耕农是最墨守成规的人，他们思想僵化，反对任何革新，所以一直沿用先辈们古老而粗陋的耕作方法，这使他们无法与大佃农进行竞争。与此相反，租赁土地的大农业生产者由于耕作土地面积较大，又具备雄厚的资本，所以能够采用最为先进的耕作技术，这使他们在与小土地所有者竞争的过程中占有绝对的优势。马克思在《资本论》中认为，资本主义生产方式在农业领域里的涉入使得"最墨守成规和最不合理的经营，被科学在工艺上的自觉应用代替了"❷。小土地所有者与土地租赁者大佃农之间的竞争，很大程度上是先进技术的竞争。传统农业中流传下来的耕作经验很多已经不合时宜，被先进的耕作技术取代是科技发展的规律使然。由此表明，科技进步是社会发展

---

❶　马克思，恩格斯. 马克思恩格斯文集（第二卷）［M］. 北京：人民出版社，2009：687.
❷　马克思，恩格斯. 马克思恩格斯文集（第五卷）［M］. 北京：人民出版社，2009：578.

的必然走向，先进的科技对土地的耕作具有天然的优越性，必然实现对陈旧科技的更迭与超越。从科技发展的趋势来看，新近的耕作技术相较于原有的耕作技术总是体现出一定的优越性，这是符合人类社会科技发展规律的，因为科技的发展本身就是在解决农业生产存在的问题中不断进步的。

（二）科技发展改良土地的本质

马克思在《哲学的贫困》中阐释到，农业耕作中土地肥力的提升，说到底可以归结为"就是用同样多的劳动生产出更多的产品，就是用更少的劳动生产出同样多或者更多的产品"❶。通过更科学合理的先进技术，既能够增加农业产出，同样也能够节约农业耕作者的劳动力。在《资本论》中，马克思以英国的土地耕作为例，认为随着谷物法的废除，小麦作物的种植更加聚集在相对密集的空间里，虽然耕作范围缩减了，但是由于对土地进行了很大的改良，小麦的产量比原来却有所增长。在《机器。自然力和科学的应用（蒸汽、电、机械的和化学的因素)》中，马克思充分认可了琼斯在《论财富的分配》中所谈及的观点，受益于农业生产技术的发达，先前需要在 500 英亩土地上的劳动，如今只需要在 100 英亩的土地上从事劳动。由此可知，依靠科技进行土地改良的本质就在于采用先进的技术实行更加集约化的精细耕作模式，在同等耕作面积、同等劳动量的情况下，生产出更多的农业产品。

（三）科技发展改良土地的主要作用

马克思恩格斯认为，科技持续发展能够不断改良土地。由于农业的改良方法，应用改良的排灌法，实行更合理的轮作，用骨粉做肥料等，可以把荒废的土地改造成种植小麦的沃土，使不毛之地的产量得以大幅度地提升。具体而言，科技改良土地的作用主要体现在三个方面，即提升土地的肥力、使劣等地

---

❶　马克思，恩格斯. 马克思恩格斯文集（第一卷）［M］. 北京：人民出版社，2009：648.

变成优等地以及使沼泽地、海水地、沙地等变成新耕地。

1. 科技发展提升原有耕地的肥力

马克思在《资本论》中进行了相关的阐述。一块土地是否肥沃，不仅与土地特有的性质相关，而且更重要的是与采用何种方法进行耕作相关，也就是说，土地是否肥沃更重要的是"一方面取决于农业中化学的发展，一方面取决于农业中机械的发展"❶。通常来说，通过化学处理如熏烧、添加流质肥料等，对重黏土都会有较好的效果。通过物理处理如采取机械的方法把下层的土壤翻成表层的土壤，或是使二者进行混合，都可以提升土壤的肥力。在通常的农业生产过程中，租地农场主都会对土地进行前期改良，一般而言，这种做法都会达到预期的效果，农产品的产量得到大幅度的增加。而且，与机器在使用中会受到磨损不同，土地只要处理得当，就会不断改良而不会使以前的投资丧失作用。例如，英国由于修建大规模的排水工程，机器化施肥，采取化学方法对黏土进行前期处理，使得农作物产量得到大幅度的提升。

此外，在1853年《马克思致阿道夫·克路斯》的信中，马克思也表达了类似的观点。土地肥力并不是绝对的，它具有相对性，随着化学在农业中运用的不断变化，土地肥力及其肥沃程度也在发生变化。恩格斯早在《国民经济学批判大纲》中就提出人类在科学的帮助之下提高土地生产力的观点，他不禁赞叹"仅仅一门化学，光是汉弗莱·戴维爵士和尤斯图斯·李比希两人，就使本世纪的农业获得了怎样的成就？"❷在《英国工人阶级状况》中，恩格斯认为随着科技进步推动工业生产发生变革，农业生产中也将发生同样的变化。大佃农会采用先进的耕作方式改良土壤，例如施以肥料、排干积水、实行轮作制，同时，"汉·戴维爵士把化学应用于农业得到了成功，而力学的发展又给大佃农带来许多好处"❸。恩格斯在1851年《恩格斯致马克思》的信中就曾与马克思进行过深入交流，恩格斯提出自己曾经很早就认为通过农业生产技

---

❶ 马克思，恩格斯. 马克思恩格斯文集（第七卷）[M]. 北京：人民出版社，2009：733.
❷ 马克思，恩格斯. 马克思恩格斯文集（第一卷）[M]. 北京：人民出版社，2009：82.
❸ 马克思，恩格斯. 马克思恩格斯文集（第一卷）[M]. 北京：人民出版社，2009：400.

术的发展能够保持土地恒久的肥力。在 1865 年《恩格斯致弗里德里希·阿尔伯特·朗格》的信中，恩格斯认为现代资本主义社会必将解体，在这之后，伴随越来越先进的科技被广泛应用在农业生产中，欧美国家大面积的土地将得到更高效的利用。

显然，科技的进步与土地的肥力是紧密相连的，甚至可以说，只有先进的科技才能保障土地的持久肥力。在科技发展还处于萌芽时期，人类对于土地的认识还极为有限，许多农业耕作中存在的问题都无法解决，更谈不上合理地利用。随着农业科学知识的发展和耕作工具的改进，人类才可以提升原有耕地的肥力，在相同面积的土地上生产出更多的农作物。

2. 科技发展使较难耕作的劣等地变为可用耕地

在《资本论》中，马克思认为土地的肥力会随着自然科学和农艺学的发展而不断变化。例如，法国和英国原来被看作劣等地的许多地方现在已经得到改善。部分被看成劣等地的，只是因为某些物理性、机械性的原因阻碍它的耕作，当把这些困难克服之后，劣等地就会变成好地。在 1851 年《马克思致恩格斯》的信中，马克思就意识到随着科学和工业的不断进步，许多较坏的土地也逐渐被人们所耕种。在 1853 年《马克思致阿道夫·克路斯》的信中，马克思更是进行了详尽的说明。在整个中世纪，德国主要耕作的是重黏土土地，因为这些土地较为肥沃，直到最近几十年，人们开始在轻沙土土地上耕作，因为化肥很容易补充土地所缺少的物质而又不需要建造排水设施，所以说"在一定的科学发展水平上认为是不肥沃的土地，在科学有了进一步发展的时候就变为比较肥沃的土地"❶。在《反杜林论》中，恩格斯强调到了近代，关于农业生产的科技取得了较大的进步，那些原本无法耕作的劣等地现在都可以被耕作，许多的荒地逐渐被大量地种植。

可以说，科技的进步不仅能提升劣等地的肥力，而且更重要的是，可以根据土地的不同性质种植适合自身的农作物，从而使更多的劣等地得以应用。与

---

❶ 马克思，恩格斯. 马克思恩格斯文集（第十卷）[M]. 北京：人民出版社，2009：124.

提升土地肥力有所不同的是，科技发展使较难耕作的劣等地变为可用耕地并不局限于对土地肥力的提升，而是更加侧重于强调劣等地只是具有相对性，是相对于部分农作物而言，它在一定程度上还是适合于耕作其他种类的农作物。问题的关键在于了解这些原有的劣等地适合耕作何种农作物，在不同属性的土地耕作不同的农作物，实现对劣等地科学的、合理的利用。

3. 科技发展开垦新的耕地

马克思在《资本论》中进行了举例说明。林肯郡有很多是新的耕地，这些新的耕地有的原来是沼泽，有的原来是海水滩，由于蒸汽机在排水方面的重要贡献，现在这些地方已经成为土地肥沃的富饶地区。此外，阿克斯霍姆岛和特伦特河沿岸人工开拓的冲积地也是这样。显然，科技发展不仅能够提升原有土地的肥力，而且还能够打破自然条件的种种限制，开垦新的土地，将不能利用的土地同样变成地力肥沃、适宜耕作的耕地。世界上适宜耕作的土地并不是很多，许多地区被海水、湖泊、河流所覆盖，为了扩大耕地面积，就需要在适宜的情况下对原有的自然环境条件进行改造，当然，这些都是建立在先进技术的基础上的，凸显了人类在自然面前的主体性、创造性。

（四）土地国有化是先进科技广泛应用的基础条件

马克思恩格斯认为，科技在土地中的广泛应用最终要以土地国有化为基础条件。

在《资本论》中，马克思就曾提及租地农场的加速积聚，是采用新方法的基本条件，同时，马克思认为个人只是土地的占有者、受益者，而不是所有者。之后，在《论土地国有化》中，马克思进行了详细的说明。马克思认为法国农民是一群反对社会进步，特别是反对土地国有化的人，因为土地私有制，法国的农民都只耕作自己的小块土地，这导致他们无法选取先进的生产设备，仍然保留原始的耕作模式。相较于法国而言，英国在大规模耕作和采用先进的农业生产方法上走在了前面，因为英国的种植技术方式一旦不采用大面积的耕种，就难以很好地加以利用。因此，既然大面积的耕种比小面积离散的耕

种更加出色，那么为了实行大规模的耕作，充分利用机器和发明，"使土地国有化越来越成为一种'社会必然'"。❶

也就是说，相比于分散化的小规模耕作方式，大规模的耕作方式能更好地发挥先进科技的重要作用，能有力地推动农业生产的现代化发展。因此，为了保障大规模的耕作方式有效施行，必将以土地国有化作为基础。土地国有化为先进科技的应用提供了客观条件的保障，同时也是社会发展的必然趋势。

三、生产资料的节约

科技发展对于自然环境的有利影响不是只表现为一种直接的作用关系，而需要更多地从社会生产领域进行剖析，因为科技总是通过人的社会生产与自然发生关系的。马克思恩格斯认为科技落后会造成自然资源的浪费，只有依靠科技发展才能实现生产资料的节约。以科技发展为基础的大规模协作生产是生产资料节约的前提条件，在这个前提条件之下，科技发展实现了对劳动资料、劳动对象的节约。

（一）科技落后造成自然资源的浪费

马克思恩格斯认为，由于科技的落后，人类认识自然的有限性造成了自然资源的浪费，同时也难以估量人类行为对自然造成的长期以后才显露出来的严重破坏。在 1847 年出版的《哲学的贫困》中，马克思指出英国有大量的土地最近 20 年才开始耕作，因为在先前的时间里，人类对于土壤的各种性能还没有充分的认识，很多物理和化学方面的知识储备还很薄弱，人类对于自然认识的落后，直接导致不能高效地利用自然，从而造成土地资源的大量闲置。在《资本论》中，马克思强调了在农业生产中，由于技术的落后，"同量劳动要生产出同样多的产品，就需要有更多的生产资料，例如更多的种子、肥料或排

---

❶　马克思，恩格斯. 马克思恩格斯文集（第三卷）［M］. 北京：人民出版社，2009：230.

水设备等等"❶。以美国和印度为例，由于技术的落后，导致两个国家每年都要损失大量的粮食和棉花。马克思同时揭露出，当时的经济学家大都有意或无意地避免谈及关于影响土壤性能下降的各种因素是由于当时农业化学的发展还比较落后。

由于科技的落后，人类不仅在利用自然资源方面造成大量浪费，同样也难以估量人类的行为会对自然界造成何种未知的破坏。在《自然辩证法》中，恩格斯就提醒人类不能够因为在自然界面前暂时取得了一定的成功而欢呼雀跃，因为与此相伴随的是对自然界造成其他方面的影响与破坏，反过来受伤的仍然是人类自身。例如，希腊、小亚细亚等地的居民，他们做梦也想不到，把森林砍伐后耕地会变成荒芜的不毛之地。阿尔卑斯山的意大利人，他们没有预料到，砍光了北坡的松林摧毁了高山畜牧业的基础，他们更没有预料到，雨季使得凶猛的洪水倾泻到平原上。欧洲传播栽种马铃薯的人，也不会想到这种扩展作物种植的过程随即会带来疾病的扩散。所以说，"每一次胜利，起初确实取得了我们预期的结果，但是往后和再往后却发生完全不同的、出乎预料的影响，常常把最初的结果又消除了"❷。在资本主义社会中，人们关注的仅限于眼前的目的和利益，如果长时间以后再回顾当初的事情，会发现此前所为竟完全是另外一回事，在大多数情况下甚至是获得完全相反的结果。从人类历史的发展看，受制于认识的有限性，"未能预见的作用占据优势，未能控制的力量比有计划运用的力量强大得多"❸。以资本主义为例，每十年左右发生一次的经济危机，造成了对资源的大量浪费，这并不是人们所期望的事情，而是受到了未能控制的力量的左右而产生。

自然界作为一个有机的整体，其中诸多奥秘是人类至今所无法解释的，人类关于自然界的认识，永远都只能处于不断扩展中。只有实现科技的不断发展，才能不断完善对自然界的认识，也才能让人类更好地在遵循自然规律的条

---

❶ 马克思，恩格斯. 马克思恩格斯文集（第七卷）[M]. 北京：人民出版社，2009：133.
❷ 马克思，恩格斯. 马克思恩格斯文集（第九卷）[M]. 北京：人民出版社，2009：560.
❸ 马克思，恩格斯. 马克思恩格斯文集（第九卷）[M]. 北京：人民出版社，2009：422.

件下利用自然。科技在相对落后的情况下，人类对于自然的认识必然存在一定的缺陷，这就导致人类在利用自然资源的过程中消耗大量的自然资源，造成很大程度上的浪费，而这些本是通过科技发展能够化解的。不仅如此，囿于科技水平的落后，人类也难以准确估计通过科技利用自然所造成的长远影响。因为，人类行为对自然环境造成的影响具有很强的隐蔽性和长远性，许多对自然环境的影响并不容易被人类所察觉，同时，许多影响只有在较长时间之后才会逐渐显露出来，这给人类对于自身行为的判断造成很大的障碍。

（二）大规模协作是生产资料节约的前提条件

伴随资本主义科技的不断进步和生产方式的不断发展，大规模协作的生产是资本主义工厂手工业和大工业区别于以往社会生产方式的重要特征，通过共同消费生产资料而实现节约。不变资本的节约取决于以机器的普遍应用为基础的大规模协作的生产方式，对此，马克思在《资本论》及其手稿中进行了相关的阐述，具体可分为三个方面。

1. 协作在生产中具有重要作用

马克思认为协作在生产中具有重要的作用。第一，协作能够允许大量工人同时参与劳动过程，这就可以极大地增加生产空间的延展性，许多大型的工程类建筑对此尤为需要。第二，协作能够在一定程度上减少生产空间，因为可以允许大量的工人聚集在更小范围的空间内从事劳动，从而可以降低非生产过程中的开支。协作的生产方式以生产工具的发展为基础，取决于现实的生产需要，可以实现在空间上的三维扩展、在工艺流程上的不断细化。当然，协作无论是能够扩大劳动范围，还是可以缩小生产空间，都为生产中共同消费生产资料以形成节约奠定了基础。

2. 协作促使共同消费生产资料而实现节约

马克思对此进行了多次论述。建筑物的节约，照明、取暖的节约，废料的重新利用，仓库的减少等都是建立在共同使用这些生产资料的基础上。工人做工的厂房、储藏原料的仓库、许多人同时使用的工具，在协作的劳动过程中都是共同消费的。因此，在工厂手工业中，我们都知道"共同消费某些共同的生产条件（如建筑物等），比单个工人消费分散的生产条件要节约"❶。同时，马克思还以制瓶手工工厂为例，强调由于各个同类小组之间的简单协作，玻璃炉被共同使用而得到了更经济的利用。

在这里，生产资料采取共同消费的形式，比单独的分散消费形式更能够产生节约。一方面，共同消费可以实现对劳动资料的节约，无论是共同消费生产工具，还是共同消费建筑物，都可以有效减少劳动资料的消耗量。另一方面，共同消费可以实现对劳动对象的节约，无论生产原料、动力原料还是辅助原料，共同消费都可以有效减少劳动对象的消耗量。应该说，随着科技的进步和资本主义工业的日益发展，协作的生产方式是历史发展的必然选择。

3. 大规模生产是生产资料节约的前提

马克思认为生产资料节约的一个重要影响因素就是生产规模。小规模的生产方式不足以支撑生产资料的节约，要想在生产过程中实现生产资料的节约，必须以大规模的生产为前提条件。"固定资本使用上的这种节省，如上所述，是劳动条件大规模使用的结果……从共同的生产消费中产生的节约，也只有在大规模生产中才有可能。"❷ 以建筑物、照明设备、取暖设备及动力机和工作机为例，相比于小规模生产，它们在大规模生产中的花费相对较少。此外，对于生产中废料的循环利用，也必须以大规模生产为前提。马克思认为，生产废料本身之所以能够成为重新利用的对象，成为新的生产要素，是因为大规模生产所产生的废料数量较大，这种废料只有作为大规模生产产生的废料，才会对生产有重要意义。显然，一般而言，协作的生产方式在早期资本主义的工厂手工业甚至更早就已经出现，但正如马克思评价伦巴第、中国南部、日本在小规模园艺式的农业中也有过节约一样，它们是以人类劳动力的巨大浪费为代价。

因此，马克思推崇的是依靠科技进步实现对自然力和人力的双重节约，而这只有在机器得以发明和普遍应用形成的大规模生产的条件下才可能实现。相

---

❶ 马克思，恩格斯. 马克思恩格斯文集（第五卷）[M]. 北京：人民出版社，2009：446.

❷ 马克思，恩格斯. 马克思恩格斯文集（第七卷）[M]. 北京：人民出版社，2009：118.

较于小规模生产而言，大规模生产在生产资料节约方面体现出自身独特的优势。一是大规模生产更有利于发挥协作生产方式的特点和优势，形成更大的节约。无论是建筑厂房、生产设备，还是生产原料等方面，大规模生产更能充分发挥协作的生产优势。相反，小规模生产虽然也存在一定程度的协作，但是这种协作对于共同消费的设备利用率不高，节约程度有限。二是大规模生产更有利于生产废料的循环再利用。通常而言，生产废料之所以能够循环再利用，除了与生产工艺的改进息息相关，还与生产废料的数量密切相关。当更多数量的生产废料存在时，才更有利于这些大量生产废料的循环利用。因此，大规模生产在这方面显示出小规模生产所不具备的、明显的优势。

（三）科技发展实现对劳动资料的节约

一定程度上讲，科技的发展水平主要是通过劳动资料来体现，特别是体现在生产工具方面。可以说，科技越发达，生产工具越先进。马克思认为，科技的发展不仅能够生产先进的劳动资料，实现对自然资源的利用，同时也能够节约劳动资料。针对这个问题，马克思在《资本论》中进行了相关的论述。

1. 科技发展实现对生产工具的节约

马克思在谈及机器与工具之间的区别时指出，机器与工具相比拥有更加长久的使用周期，因为制造机器的生产材料品质更高，同时在生产过程中更加符合科学规律，所以机器具有更强的耐磨性和更低的损耗性。例如，用铁代替木材作为机器的材料，这使机器的改良产生了节约。显然，相比于工具而言，机器本身代表了更科学的、先进的技术成果，较长的使用周期节约了自然资源。具体而言，机器所形成的节约主要体现在两个方面。一是相比于工具，机器由于制造工艺的改进，机器在应用的过程中更加合理、更加具有科学性，所以机器自身在正常生产使用中的损耗更低，故障率也更低，这就使得机器具有更长的生产使用周期而实现节约。二是相比于机器自身而言，机器自身一直处于不断的发展过程之中，更加科学的、先进的机器层出不穷，每一次机器的更新换代都会在一定程度上节约机器本身的材料，因为它的组成会更加合理，减少或缩减不必要的部分，体积占比也会越来越小，从而实现材料的节约。

2. 科技发展实现对厂房、仓库的节约

一般来说，以建筑物为例，共同建造同等面积的建筑物所消耗的生产资料和劳动力比单独分开建造要更加节约。因为消耗的生产资料与建筑面积并不是成正比例的扩大。"建造一座容纳 20 个人的作坊比建造 10 座各容纳两个人的作坊所耗费的劳动要少。"❶ 此外，马克思还引用了 1863 年 10 月的一份《工厂视察员报告》，报告中指出由于机器集中管理的结果，这个车间和库房节省了 10% 的劳动。可知，以科技进步为依托的大工业生产由于采取集中化的生产管理模式，这在空间上大大缩小了生产范围，减少了厂房、仓库等建筑设施，从而实现了劳动资料的节约。

（四）科技发展实现对劳动对象的节约

科技发展实现对生产资料的节约，应该说，绝大部分是体现在对劳动对象的节约，其中最重要的是生产原料和动力燃料的节约。因为，生产原料是产品的物质组成，大工业化的大量产品都是以自然资源为基础。同时，动力燃料是产品的动力组成，产品的形成同样离不开自然能源为基础。马克思认为，科技发展实现了对劳动对象的节约，具体包括生产原料的节约、动力燃料的节约及辅助材料的节约。在《资本论》中，马克思进行了详细的阐释。

1. 生产原料的节约

"应该把这种通过生产排泄物的再利用而造成的节约和由于废料的减少而造成的节约区别开来，后一种节约是把生产排泄物减少到最低限度和把一切进入生产中去的原料和辅助材料的直接利用提到最高限度。"❷ 据此，马克思将生产原料的节约分为废料（也称排泄物）减少的节约和废料再利用的节约。

---

❶ 马克思，恩格斯. 马克思恩格斯文集（第五卷）[M]. 北京：人民出版社，2009：377.
❷ 马克思，恩格斯. 马克思恩格斯文集（第七卷）[M]. 北京：人民出版社，2009：117.

（1）废料减少的节约。

马克思认为，生产过程中能否实现废料的减少，很大程度上与机器及工具的品质密切相关，机器和工具愈加发展，废料减少的程度越高。资本主义大生产为了提高生产力，不断地促进科技的持续发展，也就使得先进的技术手段层出不穷，原有的机器和工具在还可以继续使用的阶段就会被新的技术手段所替代，这些新的技术手段更加高效，很大程度上能够减少废料的产生。此外，马克思在引用的 1863 年 10 月的一份工厂报告中指出，靠水力推动为动力的小型梳麻工厂，在加工亚麻时留下很多的生产排泄物，要想有效缓解这种状况，可以通过水渍法进行深入加工，能够将不必要的耗损降至最低。同时，马克思高度肯定了杜罗·德拉马尔在《罗马人的政治经济学》中的观点，法国磨谷技术的提高使同量的谷物能多产出一半的面包。如今，人们通常用拉费泰的优质磨石来制磨，"于是同量谷物的面粉产量便增加了 1/6"[1]。明显，一方面，机器的发展代表了先进科学的应用，其他行业机器的发展在很大程度上提高了为本行业提供的生产原料的质量，高质量的生产原料本身就会降低生产废料的产生。另一方面，机器的发展会不断提高生产原料的利用率，更加充分利用生产原料，从而有效减少废料的产生。

（2）废料再利用的节约。

首先，马克思对废料进行了界定。可以说，伴随资本主义生产方式的不断发展，生产排泄物同消费排泄物的利用也随之扩大。"我们所说的生产排泄物，是指工业和农业的废料；消费排泄物则部分地指人的自然的新陈代谢所产生的排泄物，部分地指消费品消费以后残留下来的东西。"[2] 在这里，马克思把废料分为生产排泄物和消费排泄物，并进行了明确的界定。

其次，马克思对废料再利用进行了说明。"生产排泄物，即所谓的生产废料再转化为同一个产业部门或另一个产业部门的新的生产要素；这是这样一个过程，通过这个过程，这种所谓的排泄物就再回到生产从而消费（生产消费

---

[1] 马克思，恩格斯. 马克思恩格斯文集（第七卷）[M]. 北京：人民出版社，2009：118.

[2] 马克思，恩格斯. 马克思恩格斯文集（第七卷）[M]. 北京：人民出版社，2009：115.

或个人消费）的循环中。"❶ 废料的再利用，就是把原来不能利用的排泄物通过科技手段实现在本产业部门或是其他产业部门的再次利用，从而实现对生产原料的循环利用。

最后，马克思高度肯定了科技发展对废料再利用的重要作用。一方面，科学的发展增加了对废料的新认识。"科学的进步，特别是化学的进步，发现了那些废物的有用性质。"❷ 生产过程中排出的大量废料受限于科学的不发达而无法得以利用，当科学能够发现这些废料的有用性质，这些废料就可以进入新的循环过程。另一方面，技术的发展把这种新认识变成现实力量。"机器的改良，使那些在原有形式上本来不能利用的物质，获得一种在新的生产中可以利用的形态。"❸ 可以理解为，技术的发展程度具有基础性的作用，决定了在生产过程中对废料利用的程度，伴随技术的不断提升，先前无法用于生产的材料都可以再次利用。以纺织业为例，受益于一种不破坏羊毛的发明，那些破旧的毛纺织物如今能够被重新利用，并形成一个新的行业，大量的纺织者开始从事其中。上述表明，废料本身并非不具备生产价值，只是受限于科技发展水平而无法加以利用。随着科技的日益进步，更多的科学知识深化了对于废料本身属性的认知，先进的生产设备为废料的应用提供了基础条件。随着资本主义大工业生产的持续扩散，废料产出的数量也是非常庞大，如何更好地实现废料的循环利用、生产原料的节约，进而缓解自然环境的压力，具有重要的价值。

2. 动力燃料的节约

资本主义大工业既离不开自然资源作为物质基础，同样也离不开自然能源作为动力基础。马克思认为科技的发展使机器日益完善，可以通过消耗较小量的燃料提供原来同样多的动力。马克思在《资本论》中高度肯定了詹姆斯·内史密斯在一封信中对该问题的看法。自从 1848 年起，由于蒸汽机发生了许多特别有效的改良，可以在降低煤炭消耗量的同时提供更大的动力，这"就可

---

❶　马克思，恩格斯. 马克思恩格斯文集（第七卷）［M］. 北京：人民出版社，2009：94.
❷　马克思，恩格斯. 马克思恩格斯文集（第七卷）［M］. 北京：人民出版社，2009：115.
❸　马克思，恩格斯. 马克思恩格斯文集（第七卷）［M］. 北京：人民出版社，2009：115.

以大大地节省煤炭，换句话说，工厂的工作可以用少得多的耗煤量来完成"❶。以康沃尔蒸汽机和伍尔夫双缸蒸汽机为例，这种新的蒸汽机可以把每小时耗煤量由原来的 12 磅降低到 4 磅左右，这主要是由于老式蒸汽机压力达到 8 磅时就开始放气，而新式蒸汽机可以把压力提高到 20 磅才放气。可见，资本主义工业化大生产，离不开动力系统的有力支撑。大量开采的煤炭成为机器动力系统最主要的燃料，人们对于煤炭的利用能力也是经历了不断研发、利用、再研发、再利用循环往复的过程，在这一过程中，机器的不断改良大大提高了动力燃料的利用效率，从而有效降低对动力燃料的消耗。

3. 辅助材料的节约

如上所述，马克思认为科技的发展同样会实现辅助材料的节约。"机器零件加工得越精确，抛光越好，机油、肥皂等物就越节省。这是就辅助材料而言的。"❷ 此外，马克思在引用 1863 年 10 月的一份工厂视察报告中同样指出，"有了完善的工厂设备和改良的机器……并且还大大节省了动力、煤炭、机油、油脂、传动轴、皮带等等"❸。可以说，科技的进步对于整个生产过程都是极为有利的，辅助材料虽然在生产中的用量不多，但是辅助材料的节约非常重要。一方面，辅助材料中的机油、润滑油等物质是非常宝贵的不可再生物质；另一方面，机油、润滑油等油类物质在投放到自然环境之后非常难以去除，而且对自然环境的破坏尤为严重，需要依靠技术进步节约辅助材料的用量。

第二节　科技发展对自然环境有利影响的制度辨析

可以说，从前资本主义科技发展对自然环境产生轻微的影响和人对自然资

---

❶ 马克思，恩格斯. 马克思恩格斯文集（第七卷）［M］. 北京：人民出版社，2009：113.
❷ 马克思，恩格斯. 马克思恩格斯文集（第七卷）［M］. 北京：人民出版社，2009：117.
❸ 马克思，恩格斯. 马克思恩格斯文集（第七卷）［M］. 北京：人民出版社，2009：115.

源的部分占有，到资本主义科技发展对自然环境的影响利弊共存和人对自然资源占有的不平等和缺失，再到共产主义科技发展对自然环境的有利影响和人对自然资源的完全占有，科技发展对自然环境的影响与社会制度密切相关，经历了否定之否定的历史发展过程。

一、前资本主义科技发展对自然环境的弱影响

在资本主义社会之前，科技的发展处于萌芽状态，人类对于自然的认识和利用尚浅，在这种状况下，科技发展对自然环境的影响十分有限，人与自然之间呈现出一种自在统一的关系。

从科技发展对自然环境的影响看，马克思恩格斯认为囿于科技水平的低下，人类由于科学知识的匮乏而盲目崇拜自然，使得自然对于人类充满了神秘感，人类对于自然更多的是盲目与敬畏并存，形成一种神学自然观，科技发展对自然环境的影响较弱。正如在《政治经济学批判（1857—1858 年手稿）》中，马克思认为在封建社会甚至更早的时期，人类无法深入地了解自然，只有当科学实现快速的发展，人类才逐步摆脱对自然的盲目迷信和信奉，自然才开始成为人类研究的实体，不再被认为是自为的力量。在这个时期，虽然不涉及科技发展对自然环境的破坏问题，但是人类在自然面前呈现一种"幼稚"的状态，是一种不符合人的本质的存在。

在《德谟克利特的自然哲学和伊壁鸠鲁的自然哲学的差别》中，马克思肯定了伊壁鸠鲁的天象理论对希腊哲学家的超越。以毕达哥拉斯派、柏拉图以及亚里士多德为代表的希腊哲学家们都是用一种宗教的态度对待天体，他们普遍认为自然界中的天体是神灵的代表，自然界本身是受神灵支配的。相反，伊壁鸠鲁却认为希腊哲学家是越出了自然科学的界限而投身于神话的怀抱，这使得恐惧支配着那些看见这些现象但不认识它们的性质及其主要原因的人。那些所谓的运动、位置等自然现象的存在绝不是因为神灵对自然界进行着完全的掌控。为此，要想消除人们对于自然的恐惧，"只有当人们通过追寻现象，从现

象出发进而推断出不可见的东西时，神话才会被排除"。❶ 在《德意志意识形态》中，马克思恩格斯认为由于科学的落后，自然界的许多神秘现象都无法解释，人类在自然面前长期处于被动的状态，人们与自然界其他的动物相同，都要受制于自然界的强大威力，人与自然是一种相互对立的关系。为此，人类面对神秘的大自然形成了一种对自然的盲目崇拜和迷信，即自然的宗教。此外，马克思恩格斯在《新莱茵报。政治经济评论》第 2 期上发表了关于道默的《新时代的宗教。创立综合格言的尝试》的书评，马克思恩格斯对道默的自然宗教思想进行了批判，认为道默忽略了科技的进步对于人类面对自然这个神秘之物的重要意义，自然科学的发展和生产技术的日益进步帮助人们摆脱了对自然的迷信，可以更加主动地与自然相处，但道默只是沉迷于"诺斯特拉达穆斯的预言、苏格兰人的未卜先知以及动物的磁性等等令人惊讶的庸人猜测"❷。

　　上述内容表明，马克思恩格斯认为由于自然科学知识的匮乏，人类在面对自然的时候呈现出一种盲目崇拜和过度迷信的状态，无法理解自然界经常发生的一些现象，更不用说对于自然规律的认识和把握，因而形成的是一种自然宗教的认识观。这就使人类变得更加顺从自然，忌惮惹怒了自然界中的神灵，也就更谈不上人类会凭借微弱的力量破坏自然，应该说，这一时期科技的发展只会增加人类对于自然的认识和改变以往纯粹被动的状态，还根本不会对自然环境产生较为不利的影响。在这一时期，人类不仅对于自然的认识极为有限，而且发明的工具也大都较为简单，对自然的影响同样比较微弱。诸如原始社会常用的木棍、石器、火、弓箭，封建社会常用的金属工具、灌溉技术等，对自然的影响程度较低，基本处于利用自然的层面，而且多发生在局部地区，并没有涉及地域的大面积开采，更谈不上对自然的改造。

　　从人与自然的关系看，马克思恩格斯认为，在前资本主义社会，科技并没有成为资产阶级追逐资本积累的工具，人与自然也没有呈现完全分离的状况，

---

❶ 马克思，恩格斯. 马克思恩格斯全集（第一卷）[M]. 北京：人民出版社，1995：58.
❷ 马克思，恩格斯. 马克思恩格斯全集（第十卷）[M]. 北京：人民出版社，1998：254.

人与自然处于一种自在统一的关系。在《1844 年经济学哲学手稿》中，马克思认为土地在封建的所有制下虽然是归属于少数大领主，但是土地与领主之间的关系还是比较亲近的，因为土地与领主的权势结合在一起，土地仿佛是它领主的无机的身体，虽然这种关系最后会被利益所取代。在《英国工人阶级状况》中，恩格斯强调在大工业生产方式以前，以家庭为单位的手工业是主要的生产方式。在这种生产方式下，工人们通常在休闲的时候耕种一小块土地，他们并不是一无所有的无产者，可以于空闲的时间在属于自己的小块田地里随意从事一些有利于身体的事情。他们的身体健硕，与周围的农民并无两样，"他们的孩子生长在农村的新鲜空气中"❶。在《社会主义从空想到科学的发展》中，恩格斯认为在欧洲封建社会时期的生产方式中，个体劳动者所生产的物品毋庸置疑归自己所有，因为他们所使用的都是自己的原料、劳动资料，所以个体生产者制造的任何物品都没有理由被他人所占有。在《家庭、私有制和国家的起源》中，恩格斯认为在前资本主义社会中，人们生产的产品并没有和他们分离，而是属于它的生产者本身。在前资本主义社会的生产方式下，人们所用的生产材料都属于自己，在这种生产方式的条件下从事劳动，"不会产生鬼怪般的、对他们来说是异己的力量，像在文明时代经常地和不可避免地发生的那样"❷。为此，针对这一阶段人与自然之间的关系问题，马克思恩格斯在《德意志意识形态》中得出了论断："自然界起初是作为一种完全异己的、有无限威力的和不可制服的力量与人们对立的，人们同自然界的关系完全像动物同自然界的关系一样。"❸

可以说，在前资本主义社会，虽然科技并不发达，但是人与自然之间还没有表现出特别紧张的关系。物质上，人们可以拥有属于自己的土地、清新的空气，自己生产的物品理所当然地归属于自己所有，并不会担心被其他人无偿占有。精神上，人们体验到与自然和谐相处的愉快的心情，甚至在从事农业耕作

---

❶ 马克思，恩格斯. 马克思恩格斯文集（第一卷）［M］. 北京：人民出版社，2009：389.

❷ 马克思，恩格斯. 马克思恩格斯文集（第四卷）［M］. 北京：人民出版社，2009：193－194.

❸ 马克思，恩格斯. 马克思恩格斯文集（第一卷）［M］. 北京：人民出版社，2009：534.

的时候，也认为这是一种有利于身心的自主劳动，而并非源于外界的压迫。但需要说明的是，在这一时期，人与自然虽然处于一种和谐的相互关系，但是人对于自然还并不是十分了解，正是由于自然科学尚不发达，许多自然现象还无法被人类所认识，所以人类始终保持着对自然的尊重甚至是崇拜，而不会仅仅从自然的有用性去看待和过度开发利用。

二、资本主义科技发展对自然环境的影响利弊共存

无论是自然科学，还是生产技术，在资本主义社会里都得到了彻底的释放和极大的飞跃。在经历中世纪的黑暗时期后，科技迎来了发展的曙光，这在很大程度上为资本主义生产方式的确立奠定了基本的必要条件，进而促进了资本主义制度的形成。同时，资本主义制度的确定，也为科技的进一步发展提供了制度保障。应该说，在资本主义制度下，科技发展对自然环境既产生了有利影响，同时也产生了不利影响。

（一）资本主义科技发展对自然环境的有利影响

马克思恩格斯立足于科技中性论的基本立场，辩证地看待科技发展对自然环境产生的影响。由上一节内容可以看出，马克思恩格斯肯定了资本主义科技发展在人类对自然的作用过程中产生的有利影响和具有的重要价值。在资本主义社会促进科技快速发展的情况下，自然科学的发展帮助人类更加准确地把握自然规律，从而更好地遵循自然规律、按照自然规律行事，人类对于自然的认识观念也会随着自然科学的发展而不断变化，最终形成唯物辩证的、科学的自然观。在此基础上，从社会工业生产方式上看，人类的生产方式也会变得更加科学，因为生产过程就是自然科学在实践当中的最好体现，进而帮助人类更好地利用自然，提高劳动生产率，创造更多的物质财富。随着机器的普遍应用和升级换代，人类可以通过消耗更少的自然资源进行物质生产，降低作为最主要能源来源的煤炭的消耗量，甚至可以重新利用生产中排放的大量废弃物质，实

现自然物质的循环利用，这在很大程度上改变了以往大量消耗自然资源的传统生产方式。从社会农业生产方式上看，由于更先进的技术在农业中被广泛采用，新的耕作方式更加科学合理，农业产量得到较大幅度的提升，这主要取决于人类对于土地性能的改良，许多贫瘠的土地经过物理或是化学方法的改良，性能都得到了极大的改善，甚至许多原本不能耕作的土地，现在也成为能够利用的沃土。

（二）资本主义科技发展对自然环境的不利影响

在资本主义社会，科技得到了迅速的发展，机器的普遍应用支撑了资本主义大工业，实现了人类生产方式和生活方式的重要转向，但是，资本主义在创造了巨大生产力的同时，是以牺牲自然环境为代价的。这种现象受到马克思恩格斯的严厉批判，他们认为资本主义科技发展对自然环境造成严重的破坏，人与自然之间呈现出一种相互分离的关系。

从科技发展对自然环境的影响看，马克思恩格斯认为资本主义科技的发展对自然环境造成严重的破坏。大城市的空气由于生产中燃烧大量的煤炭而被严重污染，空气质量相比于乡村下降明显。工厂总是建立在河流附近，大量的生产排泄物直接排放到河流之中而没有经过任何处理。土地耕作并不是遵循土地的固有属性，而是服务于商品价值，所以对于土地不合理的开发利用违背了自然规律。森林由于商业价值不高而被大量砍伐，导致森林面积急剧下降。之所以出现种种破坏自然环境的现象，主要是由于资本主义科技发展服务于资本而忽略了自然的界限，对资本追求的无限性与自然资源的有限性决定了资本主义科技发展只是索取自然的工具，对于自然环境的影响并不在其考虑范围之内。同时，资本家为了赚取更多的剩余价值，激发无产阶级许多新的、虚假的需要和消费，并且这种趋势由各主要资本主义国家扩散至全世界。

从人与自然的关系看，资本主义科技发展导致无产阶级与自然的分离，无产阶级无论是作为自然人还是社会人，都理应有基本的自然环境条件保障，然而资本主义科技发展却使广大无产阶级得不到最基本的自然资源享受，他们长期工作和生活在恶劣的环境之下，甚至动物都会享受的基本自然条件对于他们都变成了奢望，清新的空气、明媚的阳光都与他们无关。不仅如此，无产阶级靠自己劳动创造的自然产品也被资本家无情占有，自己只占有少量的生活必需品以维持最低的生活。长此以往，生产生活环境的破坏和物品的匮乏对广大无产阶级的身体和心理造成了严重的双重伤害，他们不仅身患疾病，而且道德水平出现滑坡，因为最基本的自然条件他们都不曾拥有。

三、共产主义科技发展对自然环境的有利影响

正因为科技发展本身并不是造成自然环境破坏的原因，而是在于科技的资本主义应用，马克思恩格斯认为资本主义社会存在的科技发展破坏自然环境问题的解决，需要进行社会制度的变革，资本主义社会任何矛盾的解决，都要以变革资本主义制度为前提，否则问题将不能彻底得到解决。也就是说，需要改变科技的资本主义应用属性，用科技的共产主义应用实现超越，这是社会变革的必然走向，也只有这样才能保障科技的发展有利于人与自然关系的和谐。马克思恩格斯认为只有科技的共产主义应用才能持续促进科技的发展，实现由无产阶级掌握科技，使科技的应用具有计划性和有偿性，最终消灭城乡对立，保障物质变换顺畅，科技发展促进人与自然环境之间将呈现一种自为统一的关系。

（一）变革资本主义制度之前对于任何问题的解决都是虚妄

恩格斯在《论住宅问题》中对此进行了深刻的揭示。恩格斯认为，在资本主义社会中，机器的进步常常造成大量工人失业，他们居无定所或是居住在环境最差的出租屋，甚至最污秽的猪圈也经常能找到租赁者。要想改善工人阶级当前的窘迫境遇，"只有在产生这种现象的整个社会制度都已经发生根本变

革的时候，才能消除"❶。恩格斯深刻地揭示出，只要资本主义生产方式还存在，任何想改变科技发展对自然环境的破坏、对工人阶级生活环境的污染都是不现实的，只有在实现了的共产主义社会中，这些问题才能解决。正如马克思恩格斯在《德意志意识形态》中所提出的，"一个真正的共产主义者的任务却在于推翻这种现存的东西"❷。面对资本主义社会中人类的"存在"与自身的"本质"相分离的情境，千百万共产主义者不应该默默忍受这种不幸，而是要在适当的时候，在实践中，即通过革命使自己的"存在"同自己的"本质"协调一致。面对这种情况，费尔巴哈对此无力进行解释，把矛盾都归结为不可避免的必然现象，马克思恩格斯批判费尔巴哈的观点和施蒂纳、布鲁诺所言没有区别。

显而易见，资本主义社会存在的诸多矛盾都是由于社会制度自身具有的性质造成的，是不可调和的矛盾。因此，这些矛盾的解决是不可能发生在资本主义制度之内，必须实现对资本主义制度的超越，才可能充分发挥科技发展对自然环境的有利影响。

（二）科技的共产主义应用具有独特优势

从社会制度的层面进行考量，共产主义社会更加有利于促进科技的发展。在《反杜林论》中，恩格斯指出"未来的、不再为这些困难和障碍所妨碍的历史时期，将有空前的科学、技术和社会的成果"❸。在《自然辩证法》中，恩格斯同样提出在一个有计划地生产和分配的社会生产组织产生的新的历史时期，自然科学将会获得更快的发展，是以往所有时期所不能比拟的。除此之外，科技的共产主义应用具有自身独特的优势，能够有效地解决资本主义社会中存在的诸多问题。

---

❶　马克思，恩格斯. 马克思恩格斯文集（第三卷）[M]. 北京：人民出版社，2009：276.
❷　马克思，恩格斯. 马克思恩格斯文集（第一卷）[M]. 北京：人民出版社，2009：549.
❸　马克思，恩格斯. 马克思恩格斯文集（第九卷）[M]. 北京：人民出版社，2009：122.

1. 科技由工人阶级共同占有

在共产主义社会里，科技再也不是只从属于资本家所独有，而是由工人阶级共同占有。在《在〈人民报〉创刊纪念会上的演说》中，马克思指责在面对现代科学和工业与现代衰颓的对抗时，有些党派认为要抛开现代技术，还有一些党派认为这些牺牲是必要的。马克思强调，现代科技的发展究竟是产生有利影响还是不利影响，取决于由谁掌握，为谁服务，未来先进的科技超越了资本家单独占有的情形，要由新生的工人阶级掌握，因为"工人也同机器本身一样，是现代的产物"❶。资本主义社会之所以会出现科技发展对自然环境破坏的现象，问题的关键并不在于科技发展本身，而在于科技是归谁所有，为谁服务。在共产主义社会里，科技归属于工人阶级所有，是为广大无产阶级谋取福利的工具，从而摆脱资本家的控制，不再是为资产阶级赚取剩余价值服务的工具。科技摆脱了资本的控制，才能更多地观照自然环境问题。

2. 科技的应用具有计划性和有偿性

在共产主义社会里，科技的应用具有了计划性，科技的应用不再只是用来追逐资本，而是由国家根据需要进行统筹规划。在《共产党宣言》中，马克思恩格斯认为，可以"按照共同的计划增加国家工厂和生产工具，开垦荒地和改良土壤"❷，这样就避免了对自然环境的盲目破坏。在《反杜林论》中，恩格斯认为在共产主义社会，生产资料属于全体社会成员共同拥有，对于生产资料的使用会根据社会的总体需要进行决策。显然，科技为社会所共同拥有，根据社会需要有计划地应用，而不再是为资本家积累资本的工具。科技应用的计划性具有非常重要的现实意义，这背后体现了对于科技应用的理性审视。以往科技的发展，只把追求财富作为唯一的目标，科技发展的方向和应用领域根本不会受到理性的审视，因此，科技发展才出现了包括自然环境在内的诸多社会问题。

此外，科技摆脱了在资本主义社会里无偿使用的状况，得到了应有的补

---

❶　马克思，恩格斯. 马克思恩格斯文集（第二卷）［M］. 北京：人民出版社，2009：580.
❷　马克思，恩格斯. 马克思恩格斯文集（第二卷）［M］. 北京：人民出版社，2009：53.

偿，具有了有偿性。在《国民经济学批判大纲》中，恩格斯认为，在超越资本主义疯狂追逐资本的狂热状态之时，"精神要素自然会列入生产要素，并且会在经济学的生产费用项目中找到自己的位置"❶。我们会看到，为了科学发展而投入的费用在经济上得到了相应的补偿。这样，科学在共产主义社会里作为一种精神劳动成果，实现了自身的价值，得到了应有的认可，这对于推进科学的发展具有很重要的促进作用。科学工作者在精神劳动中不再受到资本的羁绊，可以回归科学的本质，即发现自然的奥秘，服务人类社会发展的需要。

　　3. 科技发展有助于城乡对立问题的解决

　　在共产主义社会里，可以消除资本主义社会科技发展引起的分工产生的城乡对立问题，保障物质变换顺畅，因为城市与乡村对立的问题与资本主义社会制度密切相关，只要在社会制度上进行变革，城乡对立的问题也会随之解决。在《共产主义原理》中，恩格斯认为在共产主义社会中，"公民公社将从事工业生产和农业生产，将把城市和农村生活方式的优点结合起来，避免二者的片面性和缺点"❷。在《论住宅问题》中，恩格斯深刻地指出，资本主义制度只会让城乡对立的问题更加严重。与此同时，恩格斯对米尔伯格提出的变革资本主义制度解决城乡对立问题是空想的论点进行了批判，恩格斯认为"消灭城乡对立不是空想，不多不少正像消除资本家与雇佣工人的对立不是空想一样"❸。在《反杜林论》中，恩格斯认为城乡对立的问题是亟待解决的，关于这个问题的解决并不是一种奢求。这就需要改变目前城市与乡村分离的状态，促进城市与乡村的融合发展，才能更好地治理当前存在的自然环境破坏问题。"生产资料由社会占有，不仅会消除生产的现存的人为障碍，而且还会消除生产力和产品的有形的浪费和破坏，这种浪费和破坏在目前是生产的无法摆脱的伴侣，并且在危机时期达到顶点。此外，这种占有还由于消除了现在的统治阶

---

❶　马克思，恩格斯. 马克思恩格斯文集（第一卷）[M]. 北京：人民出版社，2009：67.

❷　马克思，恩格斯. 马克思恩格斯文集（第一卷）[M]. 北京：人民出版社，2009：686.

❸　马克思，恩格斯. 马克思恩格斯文集（第三卷）[M]. 北京：人民出版社，2009：326.

级及其政治代表的穷奢极欲的挥霍而为全社会节省出大量的生产资料和产品。"❶ 在此后出版的《社会主义从空想到科学的发展》中，恩格斯认为在人类尚未充分理解社会力量本质的时候，它具有很强的负面效应，随着人类逐渐认识和掌握了它以后，它就可以顺从于人类的目的，为人类服务了。科技推动的资本主义强大的生产力也是一样，"它的本性一旦被理解，它就会在联合起来的生产者手中从魔鬼似的统治者变成顺从的奴仆"❷。所以说，在共产主义社会里，人们共同掌握科技，为人类利用自然带来便利，可有计划地利用自然，实现对自然资源的永续利用和对自然环境的改善。在《资本论》中，马克思认为只有在共产主义社会里，"联合起来的生产者，将合理地调节他们和自然之间的物质变换"❸，这是一种在满足人类本性的基础上通过最高效的方式充分利用资源的物质变换。

在这里，马克思恩格斯认为在共产主义社会里，人与自然之间的物质变换不会再出现断裂的情况，因为，共产主义社会要求改变以往城市与乡村的对立状态，不再通过牺牲乡村的方式发展城市，更加强调城市与乡村的优势互补、融合发展。广大无产阶级掌握了科技应用的权利，他们会从人类的实际需要出发，在遵循自然规律的前提下合理地、有计划地、以最有效的方式利用资源，从而实现城乡融合一体化发展，保障人与自然之间物质变换的无限循环。

第三节　科技发展对自然环境有利影响的价值旨向

马克思恩格斯关于科技发展对自然环境影响思想的价值论，既包括对资本

---

❶　马克思，恩格斯. 马克思恩格斯文集（第九卷）[M]. 北京：人民出版社，2009：299.

❷　马克思，恩格斯. 马克思恩格斯文集（第三卷）[M]. 北京：人民出版社，2009：560.

❸　马克思，恩格斯. 马克思恩格斯文集（第七卷）[M]. 北京：人民出版社，2009：928.

主义科技发展造成自然环境破坏价值的批判，也包含科技发展对自然环境有利影响的价值追求，即实现自然的解放基础上人的解放。

一、自然的解放与人的解放

科技发展对自然环境有利影响的价值旨向就是为了实现自然的解放基础上的人的解放，可以说，自然的解放与人的解放相互关联、辩证统一。一方面，自然的解放与人的解放互为前提；另一方面，自然的解放与人的解放互相促进。

（一）自然的解放

自然的解放是指要重建自然的主体性，使自然摆脱自身的异化状态，从人的疯狂压榨中解放出来，恢复自然本身的生机与活力，正如马克思在《1844年经济学哲学手稿》中提出希望实现自然界的真正复活。此外，马尔库塞在《反革命与造反》中，也谈到了马克思关于自然的解放的思想，"就是恢复自然中的活生生的向上的力量，恢复与生活相异的、消耗在无休止的竞争中的感性的和美的特征，这些美的特征表示着自由的新的特性"❶。

（二）人的解放

可以说，对于人的解放的探索构成了马克思恩格斯毕生矢志不渝的价值追求，纵观马克思恩格斯的文本，人的解放主要是指人从一种被压迫、被奴役的状态中解脱出来，实现人的自由全面的发展，也可以说是人从一种非人的异化状态中解脱出来，实现人的本质规定的复归。在《国民经济学批判大纲》中，恩格斯曾经提出过著名的"人类与自然的和解""人类本身的和解"两个概

---

❶　复旦大学哲学系现代西方哲学研究室. 西方学者论《一八四四年经济学－哲学手稿》［M］. 上海：复旦大学出版社，1983：146.

念，从中可以得知，马克思恩格斯理解的人的解放涉及三个方面，即人从自然中的解放、人从社会中的解放以及人从自身中的解放。鉴于本书的研究内容，在这里主要论述人类与自然的和解，即人从自然中的解放。人从自然中的解放大体具有两个方面的含义：其一，人摆脱蛮荒时代，逐渐从对自然的盲目迷信以及必然性中解放出来；其二，由于社会的控制引起自然的异化，这种自然的异化又造成了对人的统治，因此，这里又指人从这种异化了的自然的统治下解放出来。

（三）自然的解放与人的解放辩证统一

自然的解放与人的解放的辩证关系实质是人同自然界的完成了的本质的统一，是自然界的真正复活，是人的实现了的自然主义和自然界的实现了的人道主义。在《反杜林论》中，恩格斯就指出"人本身是自然界的产物，是在自己所处的环境中并且和这个环境一起发展起来的"❶。在《自然辩证法》中，恩格斯认为随着自然科学的进步，人类逐渐认识并控制自身行为对自然造成的较远的影响，在这个过程中，人类也逐渐认识到自身和自然的一体性，"我们决不像征服者统治异族人那样支配自然界，决不像站在自然界之外的人似的去支配自然界——相反，我们连同我们的肉、血和头脑都是属于自然界和存在于自然界之中的"❷。一方面是"自然向人而生"，即人通过物质生产"把整个自然界——首先作为人的直接的生活资料，其次作为人的生命活动的对象（材料）和工具——变成人的无机的身体"❸；另一方面是"人向自然复归"，即人的自然化，人通过实践普遍掌握自然力，以自然物的属性丰富自己的生命活动，使自己融入自然系统的演化之中。可以说，人的解放与自然的解放是同一个过程的两个方面，两者互为前提，互相促进。具体而言，在马克思恩格斯的视域下，人的解放与自然的解放辩证关系体现如下：

❶　马克思，恩格斯. 马克思恩格斯文集（第九卷）[M]. 北京：人民出版社，2009：38 - 39.
❷　马克思，恩格斯. 马克思恩格斯文集（第九卷）[M]. 北京：人民出版社，2009：560.
❸　马克思，恩格斯. 马克思恩格斯文集（第一卷）[M]. 北京：人民出版社，2009：161.

　　一方面，自然的解放与人的解放互为前提。一是自然的解放内在地包含了人的解放。人作为自然的产物，本身就从属于自然，自然的解放就包含了作为自然产物的人类的解放。二是人的解放同样涵盖了自然的解放。如上，马克思恩格斯视域中人的解放包含三个方面：人从自然中的解放，人从社会中的解放以及人从自身中的解放，所以，人的解放涵盖了人从自然中的解放，也就是包含了自然的解放这个维度。另一方面，自然的解放与人的解放互相促进。一是自然的解放需要人的解放以促进。只有实现人的解放也才能恢复生机勃勃的自然。二是人的解放需要自然的解放以促进。只有实现了自然的解放，自然才会从被索取与控制中得到脱离，只有这样才能够帮助人从异化自然的压制中解放出来。此外，由于自然的解放，资本主义社会中人与人异化的关系也得到解决，不仅是人从自然中解放出来，而且是人摆脱了一种异化的、剥削的社会关系。

二、实现自然的解放基础上人的解放

　　马克思恩格斯一直秉持"自然界的人的本质"的基本观点，强调现实的自然界是"人类学的自然界"，立足于此，"自然科学将失去它的抽象物质的方向或者不如说是唯心主义的方向，并且将成为人的科学的基础"❶。具体而言，这一观点表现在科技发展是人的解放的现实条件、自然科学是关于人的解放的科学、科技对自然的认识和利用有助于实现人类的自由、科技对自然力的应用有助于解放人的劳动力四个方面。

（一）科技发展是人的解放的现实条件

　　人的解放并不发生在纯粹的精神领域，而是在现实生活中，科技发展为人的解放提供现实条件。在《德意志意识形态》中，马克思恩格斯都强调人的

---

❶　马克思，恩格斯. 马克思恩格斯全集（第三卷）［M］. 北京：人民出版社，2002：307.

解放并不是纯粹精神领域"自我意识"的消融，而是要从现实条件出发。"只有在现实的世界中并使用现实的手段才能实现真正的解放"❶，为此，解放是一种由工业状况、农业状况等促成的历史活动。人和自然的统一从来都是随着工业或慢或快的发展而不断改变的。可以得知，人的解放能够实现，都离不开科技发展提供的现实支撑。也就是说，科技发展是人的解放的必要手段。科技的发展能够为人类利用自然提供帮助，实现生产方式的转变，根据历史唯物主义的基本观点，生产方式的转变又推动了人类社会制度的变革，最终实现共产主义。

（二）自然科学是关于人的解放的科学

自然科学是关于人的科学，是为人的解放做准备的科学。在《1844 年经济学哲学手稿》中，马克思认为以自然界为研究对象的科学才是一种现实的科学，这种自然科学"包括关于人的科学，正像关于人的科学包括自然科学一样"❷。不断发展的自然科学逐步占有不断增多的材料，这使自然科学通过工业在实践上渐深地进入人的生活，改造人的生活，并为人的解放作准备。至此，自然科学才抛弃它物质的抽象性，成为人的科学的基础。

（三）科技对自然的认识和利用有助于实现人类的自由

在《反杜林论》中，恩格斯对此进行了深入的论述。一方面，自然科学发展对客观规律准确的认识与把握有助于实现人类的自由。恩格斯认为所谓的自由并不是人类随心所欲地选择和行动，它是以自然界的客观规律为基本前提的，自由是在遵循客观规律基础上的自由，"因此，自由就在于根据对自然界的必然性的认识来支配我们自己和外部自然"❸。当人们对于自然知

---

❶ 马克思，恩格斯. 马克思恩格斯文集（第一卷）［M］. 北京：人民出版社，2009：527.
❷ 马克思，恩格斯. 马克思恩格斯文集（第一卷）［M］. 北京：人民出版社，2009：194.
❸ 马克思，恩格斯. 马克思恩格斯文集（第九卷）［M］. 北京：人民出版社，2009：120.

识掌握得愈加准确，人们对于自然事物的判断也就愈加准确。人们做出的选择需要以客观事实作为基础，以自然规律作为原则，自由的实现就在于遵循自然规律之下做出最合理、最有利的选择。另一方面，科技发展促进生产力的极大发展有助于实现人类的自由。恩格斯认为要实现人类的解放，未来所要达到的共产主义社会必将是人类依靠科技充分利用自然，社会生产力极度发达的社会，人们不再担忧个人的生活资料问题，从而实现真正的人的自由。到那个时候，生产力的极大提高大大地减少了个人从事工作的时间，"使一切人都有足够的自由时间来参加社会的公共事务——理论的和实际的公共事务"❶。

可知，世界并不存在真正意义上绝对的自由，所谓的自由都必须建立在遵循客观规律的基础上，那些违背自然规律的自由只能说是主观臆想的自由，最终还是会伤及人类自身。自由的实现不能仅仅是停留在主观意识的层面，更是需要从社会现实出发，依靠科技的发展促进社会生产力的高度发达，才能为实现人的自由奠定坚实的物质基础。

（四）科技对自然力的应用有助于解放人的劳动力

科技发展扩大了对自然力的应用，有助于解放人的劳动力。在《资本论》中，马克思就指出机器这种劳动资料的发明，就是"要求以自然力来代替人力"❷。在《反杜林论》中，恩格斯提出，就对人类的解放意义来讲，摩擦生火的发现比蒸汽机的出现更为重要，这意味着人类在漫长的历史上首次学会了掌控和使用一种自然力，而这是把人类从动物界中分开的标志。技术的发展实现了人类对自然力的普遍应用，这在很大程度上解放了人的劳动力。

综上所述，马克思恩格斯始终站在无产阶级价值实现的立场上，提出科技发展对自然环境有利影响的价值旨向就是要实现自然的解放基础上人的解放。

---

❶　马克思，恩格斯. 马克思恩格斯文集（第九卷）［M］. 北京：人民出版社，2009：189－190.
❷　马克思，恩格斯. 马克思恩格斯文集（第五卷）［M］. 北京：人民出版社，2009：443.

马克思恩格斯认为科技发展为人的解放提供了现实条件，自然科学的充分发展帮助人类深入地认识自然规律，技术发明的进步促进社会生产力的提升，为人类生活提供了充足的物质条件保障，每个人在遵循自然规律的前提下实现个人真正的自由和解放。

第三章

马克思恩格斯关于科技发展
对自然环境不利影响的分析

伴随资本主义工业化的持续推进，欧洲主要国家的自然环境问题也逐渐暴露出来。马克思恩格斯对于资本主义科技发展造成自然环境破坏的问题进行了深刻的分析。这些分析大致可以归结为三点：一是揭露资本主义科技发展对自然环境不利影响的现象，资本主义科技发展造成了诸如空气污染、河流污染、土地肥力下降以及森林破坏等问题。二是揭示资本主义科技发展对自然环境产生不利影响的原因，科技发展本身不是造成自然环境破坏的原因，科技的资本主义应用才是最主要的原因。三是进行资本主义科技发展对自然环境不利影响的价值批判，资本主义科技发展造成无产阶级与自然的分离，导致无产阶级遭受伤害。

第一节　科技发展对自然环境不利影响的现象揭露

科技发展本是为了让人类在保护和改善自然环境的基础上，准确高效地认识自然、利用自然，从而更好地为人类生活服务，但是在这个过程中，随着资本主义社会对科技的过度依赖和使用，一定程度上导致了对自然资源的过度利用，以致于出现严重破坏自然环境的现象。马克思恩格斯凭借敏锐的眼光，对此早有所察觉。在《资本论》中，马克思就提出自然条件的丰饶程度随着科技引发的劳动效率的提升而呈现降低的趋势，在许多经济发达的国家，都出现了资源枯竭、环境破坏的现象。1892 年，在《恩格斯致尼古拉·弗兰策维奇·丹尼尔逊》的信中，恩格斯对此进行了详细的举例描述。恩格斯认为以科技为主导的资本主义大生产的不断发展，为自然环境带来了严重的破坏，而且是在许多国家都普遍发生的，地力耗损、森林消失、江河干涸等现象到处可见。显然，马克思恩格斯都普遍认识到资本主义社会经济的不断发展，是以自然资源和环境为代价换取的，而且这种情况在各个资本主义国家都有所显现。那么，随着资本主义的不断发展，科技发展对自然环境的破坏表现在哪些方面呢？具体而言，马克思恩格斯认为科技发展对自然环境的破坏主要表现在空气污染、河流污染、土地肥力下降和森林破坏四个方面。

一、空气污染

针对空气污染的问题，恩格斯在《英国工人阶级状况》中进行了详细的描述。恩格斯认为，资本主义大工业的生产方式导致大城市如雨后春笋般地出现，大量的人口聚集在有限的城市空间，城市上空严重污染的空气过于密集而无法消散，这使得"伦敦的空气永远不会像乡村地区那样清新，那样富含氧气"❶。除此之外，大量贫穷的工人阶级聚集在狭小的空间，不论是呼吸和燃烧产生的废气，还是恶臭的生活垃圾、腐烂的肉类和蔬菜以及令人作呕的粪便都产生大量的有害气体，由于受到污染的气体本身具有较大的比重以及因杂乱无章的城市建筑的阻隔而无法排出，甚至被污染的河流，也散发出同样难以忍受的气体。所以，生活在城市底层的广大工人无产阶级，受到长期呼吸刺鼻空气的影响，身体素质每况愈下。应该说，空气污染的产生，是资本主义工业化进程中必然出现的一种现象。在资本主义之前，囿于科技的不发达，人类还无法对丰富的矿产资源进行开发利用，资本主义制度确立以来，采矿设备的发展为矿产的开发提供了可能，机器的普遍应用激发了煤炭作为最主要动力燃料的大量需求。科技的快速发展促使资本主义大工业替代原有的手工业，机器得以普遍应用，大规模生产方式逐步确立，特别是蒸汽机的发明和广泛应用，大大增加了煤炭的消耗。无论是生产中蒸汽机消耗的大量煤炭，还是生活中人们日常取暖消耗的煤炭量，都是之前所无法比拟的。除此之外，人们改变原有分散

---

❶ 马克思，恩格斯. 马克思恩格斯文集（第一卷）［M］. 北京：人民出版社，2009：409.

式的生产生活方式，大量人群涌入城市，生产生活方式的规模化、集中化，导致大量煤炭燃烧产生的废气聚集在工业发达的大城市，空气质量自然受到严重的破坏，并且这种现象在资本主义所有的新兴城市都无一幸免。

二、河流污染

针对河流污染的问题，在《伍珀河谷来信》中，恩格斯用形象的词语描绘了伍珀河受到严重污染的情形。伍珀河已经不再是清澈见底的河水，而是被染成了鲜艳的红色，这并不是战争中流入的鲜血所致，而是由于在伍珀河谷两岸遍布了许多污染河流的工厂，伍珀河之所以被染红就"是完全源于许多使用土耳其红颜料的染坊"❶。在《反杜林论》中，恩格斯讽刺地说道，资本主义的生产使用最多的就是相对纯净的水资源，然而，"工厂城市把所有的水都变成臭气熏天的污水"❷。河流污染现象的出现与资本主义生产方式密切相关。无论是资本主义手工业还是早期的资本主义大工业，工厂在生产过程中通常都需要依靠自然的水源作为动力或是生产资料，这就决定了工厂的选址大多位于沿河地区。加之早期的资本主义工业多是钢铁、煤炭等高污染、高排放的行业，又由于缺少污染物排放的监管和处理技术，导致大量的生产污染物直接排放进入河流，原本清澈的河水被严重污染。除了资本主义生产方式会造成河流的污染，城市中大量聚集人口的生活垃圾和排泄物同样会造成河流的污染，因为根本没有人进行回收和处理，这种情况在大城市尤为突出。河流污染的现象在各个资本主义国家呈现出由城市向乡村扩散的趋势。相对于河流区域的固定性，资本主义的机械化生产却可以相对灵活，不断开拓新的生产领域，这在很大程度上也造成了乡村河流的污染。可以说，资本主义工厂由城市向乡村不断扩散的过程，也就是城市河流污染向乡村河流污染扩散的过程。

---

❶　马克思，恩格斯. 马克思恩格斯全集（第二卷）［M］. 北京：人民出版社，2005：39.
❷　马克思，恩格斯. 马克思恩格斯文集（第九卷）［M］. 北京：人民出版社，2009：313.

三、土地肥力下降

针对土地肥力下降的问题，马克思在《资本论》中进行了相关阐述。马克思鲜明地指出，在资本主义社会，农业生产取得了长足的发展，这主要得益于生产工具的改良。但与此同时，资本主义农业生产在提高作物产量的同时，也对土地的持久性肥力造成损伤，因为，"在一定时期内提高土地肥力的任何进步，同时也是破坏土地肥力持久源泉的进步"❶。大土地所有者更是直接地滥用和破坏土地的自然力，资本主义大工业的发展使机器设备也得以普遍应用在农业生产之中，这加速了农村土地肥力的贫乏化。大工业越是发展，对土地肥力的破坏越是严重。以英国为例，由于土地肥力的下降，经常需要从秘鲁大量进口海鸟粪给土地施肥。此外，不仅资本主义规模化的农业生产方式造成对土地肥力的破坏，由于大城市的出现，城市与乡村的对立愈发明显，大量的人口涌入城市，农村的人口逐年下降，这导致城市大量消费后产生的物质元素不能返还给供给源的土地，使得城市与农村之间出现了严重的物质循环断裂。

土地作为人类生存最重要的基本条件，是人类原始的食物仓和劳动资料库。在前资本主义社会，并没有产生土地肥力下降的现象，科技在当时的发展还处于萌芽阶段，人类在农业耕作中使用的生产工具还较简单，而且多为物理性的工具，采用化学的方法改良土地还不太常见。这对于土地肥力的影响极为有限，因而人与土地之间呈现一种和谐的关系。在资本主义社会，随着科技的持续发展以及机器的普遍应用，农业的生产方式发生了很大的改变。从生产规模看，传统的小规模农业逐渐被机械化的大规模农业所替代，土地的可耕作空间得到了极大的拓展和延伸。从生产手段看，铁锹、锄头等简单的物理工具被现代化的机器所替代，人类对待土地的方式也就变得愈加粗暴。与此同时，化学性的方法开始应用于土地耕作，由于缺少化学合成药剂在使用过程中对土地

---

❶　马克思，恩格斯. 马克思恩格斯文集（第五卷）［M］. 北京：人民出版社，2009：579－580.

肥力影响的认知，较长时间以后才产生的对土地的破坏也就不会被重视。从资本逐利性看，随着资本逐渐从工业生产扩散至农业生产，导致人类再也不会根据土地原有的自然属性耕作适宜的作物，而是耕作那些能够带来丰厚利润的产品。资本积累作为一切行动的最终目标，对土地肥力的破坏也就在所难免。所以说，资本主义社会对土地的任何改良都具有暂时性，从长远来看，都是有损于土地的肥力。

四、森林破坏

针对森林破坏的问题，马克思在《资本论》中一针见血地指出，由于林木生产耗费的时间特别久，又加之无利可图，资本家更加倾向于直接砍伐木材而不是种植林木，所以资本主义社会文明的进步，是以对林木的砍伐为代价的，至于对森林的保护所发挥的价值微不足道。为此，在 1868 年《马克思致恩格斯》的信中，马克思不禁深深感叹道，由于砍伐树木等，最后会使土地荒芜。在《自然辩证法》中，恩格斯批判地指出，资本家只会关心商品所带来的利润，至于对自然环境的影响，则置之不理。种植场主烧毁了古巴整座山的树木，只是想要木灰作为肥料种植咖啡树，但他们导致整座富饶的深山变成贫瘠的荒土，然而"这同他们又有什么相干呢？"●

森林在维护自然生态系统的稳定性方面具有重要的作用，森林在净化空气、调节气候、涵养水源、保护生物多样性等诸多方面具有不可替代的独特价值，森林资源的锐减对整个自然生态系统带来了不可估量的损害。然而，在资本主义社会，森林具有独特的、重要的内在价值让位于资本家对于利润的狂热追求，让位于人人追捧的商业价值。许多茂密的森林惨遭砍伐，只是为了更好地开采矿产和开垦土地，以致于森林遭到无情的破坏，同时引发了许多难以估量的连锁反应。

● 马克思，恩格斯. 马克思恩格斯文集（第九卷）［M］. 北京：人民出版社，2009：563.

综上，马克思恩格斯非常关注科技发展对于自然环境的不利影响问题，这些不利影响在当时虽然都只是初露端倪，但它在诸多方面都有所显露。例如空气的污染、河流的污染、土地肥力的下降以及森林的破坏等，都说明资本主义科技发展对自然环境的破坏并不限于单一方面，而是呈现在多个方面。虽然在马克思恩格斯生活的年代，科技也才经历了初步的发展，以此为支撑的资本主义大工业使人可以更有效地利用原来所不能利用的许多能源和资源，但是马克思恩格斯已经关注到资本主义科技的发展给自然环境带来的破坏作用，足以显现出他们相关思想的批判性。不仅如此，马克思恩格斯关于科技发展对自然环境不利影响现象的揭露通常会结合资本主义制度本身，认为科技的发展是创造财富的利器，但要付出破坏自然环境的惨痛代价，彰显出他们相关思想的深刻性。应该说，在资本主义社会的初期，马克思恩格斯关于科技发展对自然的破坏，更多是从自然环境的方面来审视的，还未涉及对自然能源过度消耗方面的批判，因为那时科技发展更多是为人类利用自然力提供帮助，自然能源消耗的问题还未显露。

第二节　科技发展对自然环境不利影响的原因揭示

在对资本主义科技发展造成自然环境破坏的问题进行深刻分析的基础上，马克思恩格斯开始探寻这一现象背后的原因。根据对相关论述的归纳分析，马克思恩格斯认为科技发展并不是造成自然环境问题的原因，而科技的资本主义应用才是最根本的原因。要严格区分科技发展与科技的资本主义应用，因为科技的资本主义应用才使科技发展服务于资本，并忽略了自然的界限，刺激了新的、虚假的需要和消费，造成了自然资源的大量浪费。同时，科技发展引起的分工加速了城乡分离，导致物质变换的断裂。

一、科技发展本身不是原因

在资本主义社会里，伴随科技的不断发展，诸多自然环境问题日益凸显，人们不禁反思：科技发展造成自然环境的破坏，背后的原因到底为何？是科技自身发展过快的原因，还是科技得以应用的社会制度的原因？针对这些困惑，马克思恩格斯给出了自己的答案。马克思恩格斯认为，资本主义极大地促进了科技发展的飞跃，但是科技本身具有中立性，辩证地看，科技发展对自然环境既存在积极作用，也存在消极作用，但这是科技发展本身必然存在的客观现象，科技发展本身并不会造成自然环境的破坏，并不是引发自然环境问题的原因。

（一）资本主义促进科技的发展

一方面，资本主义生产的需要推动了科技的发展。科技发展与资本主义密切相关，科技的发展为资本主义的确立奠定了物质生产基础，资本主义对于创造财富的狂热又促进了科技的不断进步。马克思恩格斯对此也多次阐明。在《自然辩证法》中，恩格斯就得出论断，即科学的产生和发展一开始就是由生产决定的。天文学的发展是为了满足游牧民族和农业民族特定季节的需要，力学的发展是为了满足农业、手工业发展和大型建筑设计的需要，数学的发展是为了满足力学的需要。"如果说，在中世纪的黑夜之后，科学以意想不到的力量一下子重新兴起，并且以神奇的速度发展起来，那么，我们要再次把这个奇迹归功于生产。"❶ 因为，只有在资本主义社会，自然科学成为一种推动生产力不断提升的基础作用才得以充分发挥，"只有资本主义生产才把物质生产过程变成科学在生产中的应用"❷。通常而言，科技的发展虽然具有自身的规律性，但是在很大程度上还是会受到外在因素的影响，特别是受到社会发展需要

---

❶ 马克思，恩格斯. 马克思恩格斯文集（第九卷）［M］. 北京：人民出版社，2009：427.
❷ 马克思，恩格斯. 马克思恩格斯文集（第八卷）［M］. 北京：人民出版社，2009：363.

的影响。因为科技本质上就是人类利用自然、满足需要的重要工具，社会发展的需要引导了科技发展的基本方向，需要的急迫程度引导了科技发展的快慢。资本主义社会的显著特征就是对资本积累的追逐，无论是自然科学，还是生产技术，它们都在社会大生产中起到决定性的基础作用，是必要的条件保障。为了赚取更多的剩余价值，资本家会想尽一切办法促使科技不断进步，于是科技也在资本主义社会里得到了前所未有的发展。

另一方面，资本主义良好的研究设备为科学的进步提供了优质的条件保障。在《机器。自然力和科学的应用（蒸汽、电、机械的和化学的因素）》中，马克思就指出，"自然科学本身（自然科学是一切知识的基础）的发展，也像与生产过程有关的一切知识的发展一样，它本身仍然是在资本主义生产的基础上进行的，这种资本主义生产第一次在相当大的程度上为自然科学创造了进行研究、观察、实验的物质手段"❶。自然科学的进步为技术的发展奠定了科学基础，与此同时，技术的发展为自然科学的研究提供了基础物质条件。特别是在资本主义生产方式下，科研设备得到了大幅度的提升，自然科学的大踏步前进更多是得益于此。

（二）科技具有中立性

一是科技具有客观属性。一方面，科技具有的客观属性体现在科技研究对象的客观性。科技研究的对象是客观存在的自然，自然具有客观属性，是自发演化发展的独立体系，其内在的客观规律是固有的，并不受到任何外在因素的干扰。所以，自然规律的客观性决定了科技的客观性，科技始终以追求客观事物的自然规律的真理性认知为目的，着重于对自然界"真"的探求。另一方面，科技具有的客观属性体现在科技发展的客观性。科技具有自身的发展规律，科技作为人类作用于自然的有力手段，伴随人类社会的进步而持续发展。科技的发展具有自身特定的发展规律，科技都是在原有基础上不断继承发展的，科技的发展不

---

❶ 马克思，恩格斯. 马克思恩格斯文集（第八卷）［M］. 北京：人民出版社，2009：359.

可能是无源之水、无本之木，是历史的产物，具有时间上的延续性。虽然不同社会制度对科技发展的作用并不相同，或快或慢地影响着科技的发展速度，但科技始终向前发展，科技发展本身体现了社会发展的必然选择。马克思在《德意志意识形态》中批评费尔巴哈并没有意识到"周围的感性世界决不是某种开天辟地以来就直接存在的、始终如一的东西，而是工业和社会状况的产物，是历史的产物……其中每一代都立足于前一代所奠定的基础上"❶。显然，科技作为人类劳动成果的一部分，必然也是在原有科技的基础上发展而来的。

二是科技具有工具属性。科技本身作为一种人类在认识与利用自然过程中形成的知识体系和工具手段，自身并不涉及价值取向，也无善恶对错之分，既可以发挥科技在自然环境领域的重要作用，服务人类社会发展，同时也要警惕科技发展对自然环境造成的破坏，但这与科技自身无关，而是取决于科技应用的社会制度。马克思恩格斯认为科技本身具有工具属性，不具备反生态的特质，科技发展本身不会造成自然环境的破坏。在 1846 年《马克思致帕维尔·瓦西里耶维奇·安年科夫》的信中，马克思认为"机器不是经济范畴，正像拉犁的牛不是经济范畴一样。现代运用机器一事是我们的现代经济制度的关系之一，但是利用机器的方式和机器本身完全是两回事。火药无论是用来伤害一个人，或者是用来给这个人医治创伤，它终究还是火药"❷。在这里，马克思明确区分了"机器本身"和"利用机器的方式"两个概念，科技发展具有历史的必然性，科技发展所引发的各种社会问题，归根结底并不是科技自身的问题，关键在于如何使用科技。既然科技发展本身并不造成对自然环境的破坏，只是由于科技的资本主义应用才会对自然环境造成破坏，那么，科技发展本身就不应该被人们所诟病。

（三）区分科技与科技的资本主义应用

关于科技与科技的资本主义应用之间的区别，马克思在《资本论》中进

---

❶　马克思，恩格斯. 马克思恩格斯文集（第一卷）［M］. 北京：人民出版社，2009：528.

❷　马克思，恩格斯. 马克思恩格斯文集（第十卷）［M］. 北京：人民出版社，2009：46.

行了详细的阐释。"同机器的资本主义应用不可分离的矛盾和对抗是不存在的，因为这些矛盾和对抗不是从机器本身产生的，而是从机器的资本主义应用产生的！因为机器就其本身来说缩短劳动时间，而它的资本主义应用延长工作日，因为机器本身减轻劳动，而它的资本主义应用提高劳动强度，因为机器本身是人对自然力的胜利，而它的资本主义应用使人受自然力奴役；因为机器本身增加生产者的财富，而它的资本主义应用使生产者变成需要救济的贫民，如此等等。"❶ 一般而言，科技的中立性，更多是对科技的自然属性而言，科技的资本主义应用，更多是对科技的社会属性而言，也就是关涉科技的价值属性。科技是否具有价值属性，自近代科技快速发展以来，一直是学界争论的焦点。应该说，科技的中立性主要侧重于科技自身而言，科技只是对于客观规律的探求，并不涉及任何价值问题，这种客观规律并不受任何社会制度不同的价值理念影响。不同社会制度下科技的应用情况有所不同，背后代表着不同的价值取向。所以说，应该具体区别科技的自然属性和科技的社会属性，也就是把科技自身与科技的资本主义应用严格区分开来。马克思恩格斯认为，科技的资本主义应用才是科技发展造成自然环境破坏最根本的原因。资本主义科技发展服务于资本而忽略了自然的界限，刺激了新的、虚假的需要和消费，造成了自然资源的大量浪费，以及科技发展引起的分工加速城乡分离，导致了物质变换断裂。

值得说明的是，科技发展虽然不是引发自然环境问题的主要原因，但是科技发展对自然环境问题的产生提供了潜在的可能性。当科技发展还处于落后和萌芽阶段时，无论何种社会制度，以及为了何种价值取向，都无法造成严重的自然环境问题，因为缺少了科技这个必要条件。只有当科技得到了一定程度的发展，为社会化大生产提供了充足的物质条件保障，才能促使资本主义社会化大生产的顺利进行，进而造成对自然资源、能源的过度开发利用，造成对自然环境的污染和破坏。

---

❶　马克思，恩格斯. 马克思恩格斯文集（第五卷）［M］. 北京：人民出版社，2009：508.

二、科技的资本主义应用是根本原因

之所以认为科技的资本主义应用是造成自然环境破坏的根本原因，主要就在于科技的异化使它成为一种与无产阶级相对立的力量，其背后体现的是资产阶级通过控制科技以进一步控制广大无产阶级。正如马克思在《政治经济学批判（1861—1863 年手稿)》中指出，"在机器上实现了的科学，作为资本同工人相对立。而事实上，以社会劳动为基础的所有这些对科学、自然力和大量劳动产品的应用本身，只表现为劳动的剥削手段，表现为占有剩余劳动的手段，因而，表现为属于资本而同劳动对立的力量"❶。正是在这样的阶级对立的基础上，科技的资本主义应用对自然环境的破坏体现出无法规避的必然性。这主要体现在科技发展服务于资本、引发新的需要和消费、造成大量浪费、导致物质变换断裂四个方面。

（一）科技发展服务于资本

在资本主义社会，科学的发现者和技术的发明者都不是科技的拥有者，他们的精神劳动成果都归于资本家无偿占有了。资本家为了追求更多的资本，而无视自然资源的有限性。

1. 科技是被资本家无偿占有的

可以说，科技是凝结科学家和发明家不懈努力的劳动成果，理应为他们带来收益并由全人类共享。但是在资本主义社会出现了相反的情况，科技被资本家所占有，并且无偿使用。针对这种情况，马克思恩格斯给予了批判。在《国民经济学批判大纲》中，恩格斯针对这种情况进行了阐述。在经济学家看来，商品生产费用的成本只由土地、劳动、资本组成，而完全不关心科技的成本。尽管科学把生产提升到前所未有的高度，可这与经济学家有什么关系呢？

---

❶ 马克思，恩格斯. 马克思恩格斯文集（第八卷）［M］. 北京：人民出版社，2009：395.

因为他没有参与的发明最终还是会落入自己手里，而又不会使他有额外的花费。所以说，科学是与他无关的。在《资本论》中，马克思认为，科学是被资本家控制的，所以科学的利用也同自然力一样，都是无偿使用的。在较早出现的工厂手工业中，科学作为资本家私有财产的智力因素就显露出统治工人阶级的面目。在大工业中，这种情况愈发明显。无论是科学作为精神力量，还是以机器为代表的技术作为物质力量，都成为资本家进行生产、统治工人阶级的工具。由于科技被资本家所控制，在应用科技的过程中也就不会让资本家承担任何成本。例如，"科学根本不费资本家'分文'，但这丝毫不妨碍他们去利用科学。资本像吞并他人的劳动一样，吞并'他人的'科学"❶。

马克思恩格斯敏锐地观察到，科技作为科学家、发明家的劳动成果，在资本主义社会中，被资本家赤裸裸地窃取了，资本家无偿地享用着这些果实而不必付出任何代价，这种现象的发生可以说是资本主义制度下的特有产物。马克思恩格斯立足于历史唯物主义的基本立场，认为整个资本主义社会的发展历程就是资产阶级与无产阶级斗争的历程。在这一斗争的历程中，科技成为资产阶级压迫无产阶级的重要工具。为此，资本家不可能放弃科技的拥有权与使用权，必然通过科技发展带来生产力的巨大变化进一步创造剩余价值，压榨工人阶级的劳动成果。

2. 科技的应用变成破坏自然的力量

由于科技被资本家无偿地占有，科技也就理所当然成为资本家积累资本的工具。马克思恩格斯认为，资本主义社会对于科技的应用，都是源于对积累资本的狂热追求。可以说，资本主义私有制决定了资本主义社会是一个充满竞争的社会，在利益的驱使下，资本主义大量生产、大量消费的生产模式铺展开来，一切合理的关系都不复存在了。其中，科技作为最为重要的"资本的生产力"，注定是为积累资本服务的。在《机器。自然力和科学的应用（蒸汽、电、机械的和化学的因素）》中，马克思鲜明地指出"科学获得的使命是：成

---

❶　马克思，恩格斯. 马克思恩格斯文集（第五卷）［M］. 北京：人民出版社，2009：444.

为生产财富的手段，成为致富的手段。……资本不创造科学，但是它为了生产过程的需要，利用科学，占有科学"❶。为此，那些采用先进发明的资本家们，基本都获得了较高的剩余价值。在《社会主义从空想到科学的发展》中，恩格斯就科技的资本属性进行了辛辣的嘲讽。在资本主义社会中，无论是生产资料还是生活资料，都受到资本的纠缠，也只有变为资本，才可以物尽其用。可见，在资本主义社会中，科技与资本紧密相连，科技完全从属于资本，成为资本积累的有力工具。科技逐渐失去了应有的本质，对于自然之谜的探索与服务于人类生活的需要已经让位于资本的积累。

　　为了满足资本家贪婪的欲望，他们依靠先进的科技对自然界进行无节制的利用，这种利用无视自然条件的限制，超出了自然自我恢复的能力范围，破坏了自然自身的运行体系，使科技成为一种破坏的力量。在资本主义社会中，自然科学的发展并不只是追求自然本身的客观规律，而是把自然当作满足人类需要的对象，在《政治经济学批判（1861—1863 年手稿）》中，马克思认为"自然界对于能用来生产生活上的'舒适品和装饰品'的资本的量却没有规定什么界限"❷。在《德意志意识形态》中，马克思恩格斯就共同得出判断：资本主义生产方式以机器的大量使用为特征，这就使技术成为一种更加不利于自然的力量。在《哲学的贫困》和《资本论》中，马克思以土地肥力为例，具体说明了科技的资本主义应用与合理的农业存在不可调和的矛盾。土地的肥力与社会关系紧密联系，在资本主义社会中，按照土地适应性来讲，本来更加适合于种植粮食的土地由于追逐利润而改变为人工牧场，这就会使得原本的良田不能得到较好的利用，所以他们得出结论："资本主义制度同合理的农业相矛盾，或者说，合理的农业同资本主义制度不相容。"❸ 同时，马克思肯定了保守的农业化学家约翰斯顿以及为土地私有权辩护的著作家沙尔·孔德等人提出的"私有制和合理的农业的矛盾"的观点。在《自然辩证法》中，恩格斯深

---

❶　马克思，恩格斯. 马克思恩格斯文集（第八卷）[M]. 北京：人民出版社，2009：357.
❷　马克思，恩格斯. 马克思恩格斯文集（第八卷）[M]. 北京：人民出版社，2009：265.
❸　马克思，恩格斯. 马克思恩格斯文集（第七卷）[M]. 北京：人民出版社，2009：137.

刻地揭示出，无论是厂主卖出制造的商品，还是商人卖出买进的商品，他们都只关心自己的利润，关于这些行为对自然方面的影响，他们并不关心，即便是古巴大面积的森林被焚烧后造成这些地区的沃土被热带的倾盆大雨所冲走。

不难看出，在资本主义社会中，科技丧失了自身的发展方向，变成了资本家不断赚取剩余价值、积累资本的主要工具，完全忽略了自然的承受能力，最终成为一种破坏的力量。科技发展之所以会成为一种破坏自然环境的力量，可以归纳为两个维度的原因。一个是主观维度的原因，资本家作为利用先进技术的主导者，自然环境并不在他的考虑视域。生产资料的低廉价格并不会成为扩大生产的阻碍，反而还有助于生产方式的不断扩大，至于自然力的无偿使用甚至都不会计入生产成本。另一个是客观维度的原因，自然本身作为一个有机的系统，虽然具有一定的自我修复能力，但是这种自我修复的能力具有一定的限度。也就是说，科技的资本主义应用破坏自然的程度不能大于自然的自我修复程度，否则科技发展对自然环境会带来极强的破坏性甚至是不可逆性。

（二）科技发展引发新的需要和消费

上述已知，在资本主义社会中，科技是被资本家无偿占有以服务于资本积累的，这就决定了资本主义社会遵循的是依靠科技实行大量生产、大量消费的发展模式。科技的发展是为了激发出新的、虚假的需要，使人们的消费出现了本国消费向世界消费的转变、必要生活资料消费向奢侈品消费的转变。

1. 科技发展引发新的需要

资本主义私有制的分配方式决定了社会中的每个人都要为自己的私利而谋划。作为掌控社会权利的资本家，总是希望出售更多的商品以赚取剩余价值，这就需要诱使别人产生购买商品的需要。对此，马克思在《1844年经济学哲学手稿》中给予了详细的阐述。为了赚取更多的财富，资本家总是希望创造出许多不同的、虚假的需要，甚至通过虚假的宣传刺激工人阶级不断作出牺牲以满足这些根本不合理的需要。大量商品充斥着整个社会，这些商品作为压迫人的一种手段越来越丰富，成为人们竞相追逐的对象，"随着对象的数量的增长，奴役人的异己存在物王国也在扩展"❶。对此，马克思在《资本论》中就犀利地提出"资本主义生产不是在需要的满足要求停顿时停顿，而是在利润的生产和实现要求停顿时停顿"❷。这种生产方式一味地追求财富而罔顾社会的消费水平，编造出许多新的、虚假的需要。那么，如何理解资本主义社会所提出的新的需要的内涵呢？在《政治经济学批判（1857—1858 年手稿）》中，马克思认为有三个层面的含义："第一，要求在量上扩大现有的消费；第二，要求把现有的消费推广到更大的范围来造成新的需要；第三，要求生产出新的需要，发现和创造出新的使用价值。"❸

科技作为一种为资本家积累资本服务的工具，科技的发展是人们产生新的需要的基础条件。显然，资本主义大生产自始至终都离不开对资本的狂热追逐，科技的发展实现了人们对自然新的属性的认识，也刺激了人们的新的需要，这种新的需要是一种虚假的需要，是一种人为创造出来的、背离人的本性的需要，然而它是整个资本主义社会都在不懈追寻的。资产阶级创造和引导的新的、虚假的需要具有很强的迷惑性。一方面，这种新的、虚假的需要很难科学地辨别。需要是人体对于某种事物或活动的需求，是遵循和符合人的本性的，乐于享受物质财富貌似是理所当然的，何以它是虚假的需要呢？这本身就涉及高深的理论探讨与研究。另一方面，广大无产阶级囿于生活现状和知识储备而无力辨别这种虚假的需要。无产阶级长期生存于社会的底层，勉强维持自身和家人的温饱，艰难困苦的生活已经让他们很难体验到生活的幸福，如果能改善和提高自己的物质生活，本身就是理所当然和难以抗拒的，更不会再去分辨是否是真实的需要，而且他们普遍低下的受教育水平本身也是一个很大的制约和障碍。

2. 科技发展引发本国消费向世界消费的转变

世界市场的形成，得益于交通工具的持续进步，这使各国之间紧密交往成

❶ 马克思，恩格斯. 马克思恩格斯文集（第一卷）[M]. 北京：人民出版社，2009：223.
❷ 马克思，恩格斯. 马克思恩格斯文集（第七卷）[M]. 北京：人民出版社，2009：288.
❸ 马克思，恩格斯. 马克思恩格斯文集（第八卷）[M]. 北京：人民出版社，2009：89.

为可能，大大缩短了各国之间商品的流通时间。在《共产党宣言》中，马克思恩格斯共同提出，每个国家自身的消费都摆脱了地域的限制，成为一种全球性的消费，背后的关键是世界市场已经逐渐形成。这就使无论是生产材料还是作为生产结果的商品，都不再局限于本地区和国家，而是在世界范围内相互流通。所以，那些"旧的、靠本国产品来满足的需要，被新的、要靠极其遥远的国家和地带的产品来满足的需要所代替了"❶。在《资本论》中，马克思高度肯定了改进交通在缩短流通时间方面的重要作用。马克思认为，19 世纪以来，世界在交通方面发生了深刻的变革，铁路取代了碎石路，快捷的轮船取代了缓慢的帆船，全世界贸易的周转时间得到了很大的缩短。"由于交通运输工具发展而提供的可能性，又引起了开拓越来越远的市场，简言之，开拓世界市场的必要性。"❷ 交通工具进步开拓的世界市场，使得本国消费逐步转向世界消费。世界市场的形成，促使商品更加花样繁多、细致高雅，促进各国之间的商品加速流通。

在这里，马克思恩格斯都非常重视交通工具的进步对于整个世界市场形成的重要作用。发达的交通工具在空间上拉近了各个国家和地区的距离，在时间上极大地缩短了时间成本，促使世界各地互通有无成为可能，实现了各个国家和地区的频繁交往与合作。发达的交通工具不仅是世界市场形成的重要前提和基础，而且也是社会历史发展的必然趋势。在人类发展的历史长河中，人类的相互交往都是以交通工具的发展为前提，从封闭的局部区域逐渐向外扩展，最终形成一个交互往来的有机整体。科技的持续进步是历史发展的必然走向，交通工具的持续改善亦是必然，推动世界市场的加速形成。伴随而来的是人们消费模式的转变，人们不再满足于局部地区的消费，而是转向于世界性的消费模式。世界市场的形成不仅加速生产要素在全球范围内的流通，而且局部国家和地区的商品也具有了世界属性，融入全球商贸体系。这种世界性的消费模式不仅为资本家带来了丰厚的利润，满足了人们新的、虚假的需求，同时也加速了

---

❶ 马克思，恩格斯. 马克思恩格斯文集（第二卷）[M]. 北京：人民出版社，2009：35.
❷ 马克思，恩格斯. 马克思恩格斯文集（第六卷）[M]. 北京：人民出版社，2009：279.

非发达国家和地区自然资源与环境的过度利用与破坏，而这只是为了满足发达国家盲目的消费而已。

3. 科技发展引发必要生活资料消费向奢侈品消费的转变

科技的发展推动着资本主义工业化不断前进，社会生产力得到极大的提高，有效降低了单位商品的价格，使资本家或普通工人都在一定程度上增加了必要生活资料的消费。早在《英国工人阶级状况》中，恩格斯就注意到詹姆斯·哈格里沃斯发明的珍妮纺纱机产生的重要影响。新的发明减少了纱的生产成本，布匹变得更加便宜，这使得人们开始大量地增加对布匹的消费。此后，在《资本论》中，马克思也谈到资本家和工人阶级都在不同程度上增加了必要生活资料消费的情况。从资本家必要生活资料消费的提高看，"由于商品变得便宜，资本家享用的消费品仍和过去相等甚至比过去还多"❶。从工人阶级必要生活资料消费的提高看，工人的消费量并不是固定不变的，而是具有一定程度的浮动空间。当工人阶级拥有较多的工资或是商品价格有所降低，就会激起工人们更多的消费欲望，产生更多的消费需求。

因此，整个社会在增加必要生活资料消费的基础上，开始逐渐转向更加奢华的奢侈品消费。随着社会生产力的提高，资本家获得了更多的剩余价值，这使资本家开始从必要生活资料消费转向奢侈品消费。可以说，随着资本主义工业化进程的不断推进，资本家的消费水平也逐渐提高，甚至达到了奢靡的地步。在《资本论》中，马克思对此进行了生动的描述。机器大工业之前，工厂主们每晚聚会都不会花费超过六便士，到了1758年，才出现第一个实际经营的人坐上了自己的马车。然而，到了18世纪后30年，资本家的生活可以说是穷奢极欲、大肆挥霍。资本主义大工业普遍地大量应用机器，极大地提高了社会生产力，当大量的商品充斥市场的时候，许多没有被购买的商品又会通过再次的加工制成更加奢华的商品，也就是说"奢侈品的生产在增长"❷。

整体上看，随着科技推动的资本主义工业化不断发展，无论是资本家，还

❶　马克思，恩格斯. 马克思恩格斯文集（第五卷）［M］. 北京：人民出版社，2009：697.
❷　马克思，恩格斯. 马克思恩格斯文集（第五卷）［M］. 北京：人民出版社，2009：512.

是受剥削的工人，都在一定程度上提高了自身的需要和消费，但是对于工人来讲，正是这种不断追求新的需要，使自己陷入了更深的泥潭之中，对于资本家亦然，他们也在追求着奢靡的消费，同样陷入了自己制造的泥潭之中。应该说，人们的需要与消费是永无止境的，当原有的需要被满足时，又会产生新的需要，当原有的消费被实现时，又会产生新的消费，甚至是奢侈的消费。值得深思的是，既然人们总是会产生新的需要和新的消费这个趋势或规律不能改变，那么是否可以尝试转变新的需要和新的消费的方向呢？也就是说，新的需要和新的消费可以不局限于物质层面，而是向精神层面转变，只有这样，才会最大限度地降低人们生活方式对自然环境造成的挑战和破坏。

（三）科技发展造成大量浪费

资本主义科技发展不仅引发新的、虚假的需要和消费，同时也造成了对自然资源的大量浪费。具体而言，科技的资本主义应用造成的大量浪费体现在加剧了对自然资源无偿使用造成的浪费、缩短劳动资料使用周期造成的浪费、经济危机造成的浪费三个主要方面。

1. 加剧了对自然资源无偿使用造成的浪费

科技作为人类认识自然、利用自然的重要工具，有助于人类更好地利用自然资源为自身服务。然而，在资本主义制度下，科技的主要任务是实现资本主义大生产而加大对自然资源的开发利用甚至是过度开发利用，马克思恩格斯认为这种对自然资源的过度开发利用是完全无偿使用的，这在一定程度上造成了自然资源大量的浪费。在《资本论》中，马克思将自然资源分为自然物质和自然力，但无论对其中哪一种的无偿使用，都会造成很大的浪费。在谈及无偿使用自然物质造成的浪费时，马克思指出，在资本主义生产中所利用的自然物质，比如矿山、森林、土地、海洋等，这些都构成了生产的使用要素，但都不构成资本的价值要素，因此，不用花费分文资本家就可以实现对这些自然要素的利用。以采矿业为例，矿石、煤炭、石头等原料都不属于劳动的产品，而是自然无偿赠予的。在谈及自然力无偿使用造成的浪费时，马克思指出，"用于生产过程的自然力，如蒸汽、水等等，也不费分文"❶。这些天然的自然力要素在生产中发挥重要作用，尤其是提供动力系统，其发挥的重要作用并不取决于资本家花费的成本，而是与科技发展的水平紧密相关。

显而易见，无论是自然物质还是自然力的利用，都不花费资本家分文。这使资本家在资本主义生产过程中根本不会考虑自然资源的消耗问题，因为这与他们完全无关。资本家依靠科技加剧对自然资源的无偿使用，只看到了自然的商业价值，而没有或是不在意自然的固有价值。在资本家眼中，矿山、森林、土地、海洋都是大自然的馈赠，无须付出任何代价就可以获取。虽然自然资源作为生产要素会以一定的价格进入商品生产成本之中，但是这种低廉的价格只是对自然资源商业价值上的部分补偿，而自然资源的固有价值却完全忽略不计。毋庸置疑，自然资源的固有价值是其他一切价值形式的基础和根本，自然界中的任何无机物质以及有机生命都具有非常重要、不可替代的价值，共同构成了包括人类在内的充满活力的有机整体。自然中存在的任何环境问题，都会对人类造成不可估量的伤害，污浊的空气、混沌的河水、肥力下降的土地、锐减的森林、过度开发的能源都会对人类的永续长存、繁衍生息产生诸多不利影响，而这些不利影响是不能仅用金钱来估值和衡量的。

2. 加剧缩短劳动资料使用周期造成的浪费

正如前文所述，科技的发展提升了以劳动工具为代表的劳动资料质量，这使劳动资料更加经久耐用，大大延长了使用时间，在资本主义大生产中却出现了完全相反的现象，许多仍然能够使用的劳动资料由于竞争的原因，不得不提前终止使用而造成浪费。马克思在《资本论》中针对这个问题进行了多次阐述。资本主义的生产完全取决于单个资本家经营活动的特殊性，而不是按照社会统一规划的，由此产生了生产力的巨大浪费。由于竞争的关系，一方面，资本主义生产促进了科技的飞速发展；另一方面，科技的飞速发展也为劳动资料的更新换代提供了条件，以往的、旧的生产资料经常被新的生产资料所替代。

❶ 马克思，恩格斯. 马克思恩格斯文集（第五卷）［M］. 北京：人民出版社，2009：443－444.

竞争是资本主义私有制的主要表现，激烈的竞争"迫使旧的劳动资料在它们的自然寿命完结之前，用新的劳动资料来替换"❶。

应该说，资本家迫于竞争的压力总是会优先选择生产效率最高的机器以创造更多的商品，这样，机器的使用价值就让位于机器的创造价值。科技的发展延长了劳动资料的使用周期，只是在资本主义生产中迫于竞争的压力，不得不提前淘汰掉仍然能够继续使用的劳动资料，并且淘汰的速度跟科技的进步成正比，这对于劳动资料造成极大的浪费。在资本主义大工业的生产方式下，劳动工具的价值在于其竞争性而非实用性，或者说在资本家的眼中，劳动工具的实用性就在于其竞争性，而不是在于其能否继续在生产过程中使用，只要有新的、更高效的劳动工具出现，资本家就会在利润有所增加的情况下采用最先进的技术设备。这就面临如何处理仍然具有使用价值，但是创造剩余价值相对较低的原有劳动工具的问题，并且这个问题随着技术发展的日新月异而愈发突出。大量先进的机器设备可供选择，原有设备被淘汰的周期越来越短，这些被淘汰下来的机器设备由于在市场上失去竞争力不得不退出生产的历史舞台，从而造成劳动资料的大量浪费。

3. 加剧经济危机造成的浪费

资本主义经济危机的产生具有一定的历史必然性。经济危机的产生归根结底是因为人们的消费能力无法与生产力的快速扩张匹配，二者的矛盾愈演愈烈，最终爆发经济危机。马克思恩格斯的相关论述集中在《共产党宣言》《资本论》等著作中。一方面，科技的资本主义应用加剧了经济危机的形成。正如恩格斯所言，资本主义的生产方式创造出制造大量商品的生产力，然而广大无产阶级并不能形成足够的购买力，二者的冲突不可避免，最终引起经济危机的爆发。另一方面，经济危机的爆发造成了大量的浪费。在经济危机期间，形成了令人费解的生产相对过剩，广大无产阶级生活贫困，无力消费任何生存之外的商品；相对的是，资本家生产出大量的商品充斥市场造成滞销。在生产过

---

❶　马克思，恩格斯. 马克思恩格斯文集（第六卷）[M]. 北京：人民出版社，2009：190 – 191.

剩的瘟疫下，这些相对过剩的大量商品被白白浪费掉。"由于危机而发生的社会生产过程的中断、紊乱……已经在生产上消费掉的生产资料和劳动，就会白白地耗费。"❶ "停滞状态持续几年，生产力和产品被大量浪费和破坏。"❷

简而言之，在资本主义制度下，科技作为推动生产力飞速发展的主要动力得到了彻底的释放，这就在很大程度上加剧了生产力扩张无限与广大无产阶级消费能力有限之间的矛盾，矛盾在经济危机期间达到了最大化，最终导致大量生产出来的商品由于无人具有能力购买而被浪费。这种由于经济危机造成的浪费看似难以理解，实则是资本主义社会必然出现的社会现象，也是科技在推动资本主义现代化生产中浪费最为直接、最为严重的一种。大量凝结着自然资料和工人劳动力的商品被直接销毁，与此相对的却是广大工人无产阶级常年生活在社会的最底层，毕生都在承受物资贫乏的艰难生活，无论是自然的条件还是生产的商品，他们都是只占有最小部分的群体。

（四）科技发展导致物质变换断裂

马克思恩格斯认为，在人与自然相互作用的过程中，科技的发展促使劳动分工不断细化，导致大农业生产中农民的数量越来越少，相反，城市中工人阶级的数量剧增，加剧了城市和农村的日益分离和对立，使人与自然的物质变换出现了断裂。

1. 科技发展引起劳动分工的细化

科技发展在促进社会生产力快速发展的同时，也给劳动分工带来了深刻的变化。随着劳动工具的不断进步，人类劳动也从简单劳动发展为复杂劳动，同时体力劳动与脑力劳动日渐分离。马克思恩格斯认为，科技与分工是紧密关联的，科技进步是推动分工不断精细的动力与支撑。针对这个问题，马克思在《哲学的贫困》中进行了详尽的阐述。一定程度上讲，分工是随着工具的积聚

---

❶　马克思，恩格斯. 马克思恩格斯文集（第六卷）[M]. 北京：人民出版社，2009：257.
❷　马克思，恩格斯. 马克思恩格斯文集（第三卷）[M]. 北京：人民出版社，2009：556.

而同步发展的，每一次新的发明设计在工厂中的普遍应用，都会给生产分工带来较大的变化，正如"手推磨所决定的分工不同于蒸汽磨所决定的分工"❶。马克思以英国的实际情况进行了举例说明。英国最先完成资本主义大工业，机器得以快速的发展并且实现普遍应用，这使得生产过程中的分工越来越细，人们往往只负责其中一个固定的环节。从工业上看，在机器发明之前，工业中使用的基本都是本地原料，由于技术进步推动分工合作生产模式的形成，工业生产才逐渐摆脱了本地的限制。从农业上看，英国由于农业工具的进步，出现农业分工，相对而言，法国由于工具的分散性走向了与英国相反的方向。此外，在《德意志意识形态》中，马克思再次强调，社会的生产力与分工密切相关，生产力越发达，分工也就越细致，因为"任何新的生产力，只要它不是迄今已知的生产力单纯的量的扩大（例如，开垦土地），都会引起分工的进一步发展"❷。

在这里，马克思并没有从一般的意义上谈论分工，而是立足于历史唯物主义的基本立场，从科技发展对分工具有决定性作用的基础上谈论分工。分工并不是一个单纯的、抽象的概念，科技发展的程度决定了采用何种生产方式，不同的生产方式又决定了不同的分工。分工是一个具体的概念，具有丰富的内涵和历史性，伴随科技的不断进步、生产工具种类的极大丰富，劳动分工也必然朝更加深化和细化的方向发展。

2. 劳动分工的细化加速城乡分离，导致物质变换断裂

马克思所谓的物质变换，强调人类采取劳动的方式持续和自然界实现物质层面的交换，从而保障物质周而复始、持续循环的使用。人作为自然的一部分，来源于自然，又必将回归于自然。应该说，物质变换的顺利进行是人类社会稳定发展的首要前提，必须依靠科技从自然界获取自身需要的物质，物质在被人类消耗后产生的废弃物又需要返还给自然界。正是在这样的循环往复中，世界实现了人类生命的延续和历史的发展。

---

❶　马克思，恩格斯. 马克思恩格斯文集（第一卷）[M]. 北京：人民出版社，2009：622.
❷　马克思，恩格斯. 马克思恩格斯文集（第一卷）[M]. 北京：人民出版社，2009：520.

马克思认为，随着科技的不断进步，资本主义社会出现了物质变换断裂的现象。在《资本论》中，马克思对此进行了详细的描述。资本主义生产使人类与土地相互间的物质变换出现阻碍，之所以这样，是因为人类在日常生活中耗费大量的物质，然而这些物质在被人类耗费之后难以再次返还给原有的土地，这样就造成原有土地肥力的持续性衰减，无法得到及时的补充。大土地所有制造成农村人口稀少与城市人口增多的对立，这种条件在"物质变换的联系中造成一个无法弥补的裂缝，于是就造成了地力的浪费"❶。显然，物质变换是自然界有机系统自我更新发展的一部分，自然界中的物质元素总量是保持恒定的，并不会增加或者减少，但是物质元素在自然界之中会通过物理变化、化学变化以及生物变化的影响而不断运动，也就是物质元素的分布会不断发生变化。当自然界中物质变换出现了断裂，也就意味着阻碍了自然界的有机循环，造成了物质元素的不均衡分布，导致土地肥力的不断衰退，是一种人与自然不可持续交往模式的必然后果。

马克思恩格斯认为科技发展引起的分工导致城乡的分离是物质变换断裂的根本原因。在《德意志意识形态》中，马克思恩格斯对这个问题进行了总体性的分析。一个国家或民族的分工，"首先引起工商业劳动同农业劳动的分离，从而也引起城乡的分离和城乡利益的对立"❷。在这里，以生产工具为基础，把人类社会划分为两大阶级，即工人阶级和农民阶级。伴随资本主义大工业的持续推进，工业城市的大量出现意味着城市最终战胜了乡村。在《英国工人阶级状况》中，恩格斯进行了详细的说明。资本主义大工业中，以利物浦和曼彻斯特这两个大城市为代表，又如博尔顿、罗奇代尔、奥尔德姆等，城市犹如雨后春笋奇迹般地迅速出现了。例如，以兰开夏郡为例，棉纺织业使它从一个人烟稀少的沼泽地变成充满活力的城市，在 80 年间使人口增加了 9 倍。以诺丁汉和德比为例，由于网织机、花边机、络丝机的先后发明，该地区织袜

---

❶ 马克思，恩格斯. 马克思恩格斯文集（第七卷）［M］. 北京：人民出版社，2009：919.
❷ 马克思，恩格斯. 马克思恩格斯文集（第一卷）［M］. 北京：人民出版社，2009：520.

业迅速发展，"以致现在至少有 20 万人以从事这种生产为生"❶。

应该说，马克思恩格斯提出的物质变换断裂理论既深邃，又深刻。自然界物质变换的断裂，看似是一个人与自然关系的问题，实则是以科技发展为基础的社会发展模式问题，也就是人与人关系的问题。科技发展引起的社会分工，并不是以尊重自然、符合自然规律为前提的，而是在资本主义社会竞争压力下的反自然的分工。之所以会这样，主要是因为科技发展引起的社会分工造就了城市的甚至是大城市的出现，这不可避免地造成了城市发展与乡村发展之间的对立。应该说，城市的确立及其在与乡村的竞争中占据巨大的优势是社会发展的基本走向，但是在城市空间范围内所占有的自然资源难以维持城市的快速发展，它必须依靠乡村为其提供源源不断的自然资源，但是这种自然资源只是单向地流动，也就是只从乡村流向城市，城市中无论是生产品还是消费品，最后的物质元素大都滞留在城市。这样，城市的发展是以牺牲乡村的发展为代价的，或是说城市与乡村对立的一个主要方面就体现在城市与乡村的物质变换断裂。

综上，马克思恩格斯深刻揭示了科技的资本主义应用对自然环境不利影响的原因。马克思恩格斯认为，在资本主义社会中，科技不属于工人阶级，而是被资本家无偿占有，作为积累资本的有力工具而忽略了自然的界限，成为一种破坏自然的力量。伴随资本主义大工业生产方式的发展，资产阶级必将制造出许多新的、虚假的需要，促使广大无产阶级增加消费，以致引发本国消费向世界消费的转变、必要生活资料消费向奢侈品消费的转变。但是与生产力的惊人增长相比，广大无产阶级的消费能力还处于较低的水平，所以，伴随资本主义生产方式的大量生产，必须有大量的消费以解决商品过剩的问题，当生产力的急速扩张与消费的日益萎缩发生严重矛盾的时候，经济危机便不可避免地发生了，使得大量的生产资料和商品被白白浪费掉。随着城市如雨后春笋般在欧洲主要发达国家先后建立，城市与乡村对立的问题也日益凸显，其中一个重要的

---

❶　马克思，恩格斯. 马克思恩格斯文集（第一卷）[M]. 北京：人民出版社，2009：395.

方面就在于城市与乡村之间的物质变换出现了断裂，乡村为城市发展提供的物质元素不再能够返还给乡村。

第三节　科技发展对自然环境不利影响的价值批判

在资本主义社会，科技发展虽然增加了人类利用自然的能力，然而无论是自然形成的自然资源还是人工生产的自然产品，都不属于原本的生产者无产阶级。无产阶级不仅不能享有应得的自然资源和产品，还要被迫生活在被严重污染的自然环境之下。马克思恩格斯认为，资本主义社会科技发展造成自然环境的破坏，最终使广大无产阶级不能享有本应属于他们的自然资源和环境，长期以来，对无产阶级的身体和心理造成了严重的伤害。

一、无产阶级与自然的分离

可以说，无产阶级的产生是特定历史阶段科技发展的必然产物，科技发展促进了资本主义大工业的形成，在创造无数令人惊叹的财富的同时，也产生了一无所有的无产阶级，他们就连最基本的自然资源和条件都不能享有。

（一）科技推动的工业革命产生无产阶级

马克思恩格斯认为，随着科技的不断进步，资本主义大工业的生产方式在社会生产中越来越占据主要的地位，与此同时诞生了最初的无产阶级，即工人无产阶级和农民无产阶级。早在《英国工人阶级状况》中，恩格斯就对此进行了详细的揭示。工人无产阶级最早出现在英国，是伴随蒸汽机和棉花加工机的发明而开始的。这些新发明的机器使一部分人在农村无以为生，只能到城里谋求新的出路。以英国织工詹姆斯·哈格里沃斯发明的珍妮纺纱机为例，那些原本既从事农业劳动，又从事织工工作的人群完全放弃农业生产，转而成为单一工作的织工阶级，他们除了为数不多的薪水，再也没有哪怕一丁点儿私有的积蓄，于是他们就成为无产者。正因为如此，恩格斯深刻地评价道："英国工业的全部历史所讲述的，只是手工业者如何被机器驱逐出一个个阵地。"❶ 机器的普遍应用，不仅使手工业者被驱逐出一个个阵地，而且也促使了农业无产阶级的产生。新出现的大佃农阶级，由于采用了更先进的耕作技术，迫使小自耕农只能卖掉自己的土地，到大佃农那里去当短工，成为农业无产阶级。

明显，无产阶级的产生与资本主义科技的发展密不可分。科技的发展使生产工具得到极大的改善，这在很大程度上提高了人类利用自然的能力，同时生产分工也得到进一步的细化，导致大量劳动者聚集在城市中的工厂形成工人无产阶级，小自耕农受迫于大佃农阶级而成为农业无产阶级。无论是工人无产阶级还是农民无产阶级，他们在生活资料方面都是一无所有，其中还包括良好自然环境的缺失。广大无产阶级不仅在物质层面十分匮乏，而且在自然环境方面也失去了最基本的享有权利。

（二）无产阶级与自然的分离

无产阶级作为资本主义社会最底层的生活者，他们一无所有，就连动物都享有的大自然恩赐的阳光、空气、清水对他们来说也是奢侈品，他们自己双手创造的物质财富仅仅够他们及家人维持最基本的生活和延续，他们更是日夜生活在一种自然环境被严重污染的条件之下。

1. 无产阶级无法占有自然资源

马克思恩格斯认为，人类作为自然的一份子，自然资源是人类生存的基础和来源，本应归属于全人类共同所有，然而在资本主义社会中，科技是为资本家服务的工具，工人阶级除了维持自身和家庭最基本的生存资料之外一无所有。在《1844 年经济学哲学手稿》中，马克思批判地指出无产阶级在以科技

---

❶ 马克思，恩格斯. 马克思恩格斯文集（第一卷）［M］. 北京：人民出版社，2009：393.

为主导的资本主义大工业下，不仅人的身体同人相异化，在人之外的自然界也同人相异化，"人的无机的身体即自然界被夺走了"❶。从理论领域看，植物、动物、石头、空气、光等作为人类意识的一部分，代表了无产阶级精神的无机界的缺失。从实践领域看，无产阶级在生存资料中的生活资料和生产资料方面都严重缺失。其一，无产阶级生活资料的缺失，是指周围的自然并不是真正意义上作为生产者的对象，生产者体会不到生产过程中的愉悦体验；同时，劳动的产品也不归生产者所有，因为所有经由他手制造出来的物品都与他无关，除了维持最基本的生活保障，都被资本家无偿占有。其二，无产阶级生产资料的缺失，是指无产阶级生产的物品不仅不属于他们自身所有，而且成为压迫他们自身的异化力量。

此外，在《哲学的贫困》中，马克思批判资本主义大工业使土地所有者完全脱离土地，脱离自然。在《在〈人民报〉创刊纪念会上的演说》中，马克思深刻地揭露出现代科学的发展和工业水平的进步与无产阶级生活的贫困是同一进程的。处于当前的时代，所有事物似乎都拥有相反的一面，人类利用科技愈发控制自然，个人却被别人控制，科学进步的同时许多人仍然愚昧无知，一切技术的发明却把人的生命变为愚钝。这就是说，随着科技的进步，人类既没有得到应有的物质财富，也没有得到应有的精神食粮，自然界越来越远离人类自身。在《社会主义从空想到科学的发展》中，恩格斯一针见血地指明，在资本主义社会，机器的普遍应用成为资本家压迫广大工人的重要工具，从而造成"劳动资料不断地夺走工人手中的生活资料，工人自己的产品变成了奴役工人的工具"。❷ 所以说，工人作为与自然相互作用的劳动主体，却无法分享应得的劳动成果，终生一贫如洗。在《资本论》中，马克思揭露了由于资本无限度地追求剩余价值，它必然要剥夺工人无产阶级在生产生活中所必需的自然资源，清新的空气、明媚的阳光这些动物生存都会享有的自然要素，现在却变成一种奢望，相反，"完全违反自然的荒芜，日益腐败的自然界，成了他

❶ 马克思，恩格斯. 马克思恩格斯文集（第一卷）［M］. 北京：人民出版社，2009：163.
❷ 马克思，恩格斯. 马克思恩格斯文集（第三卷）［M］. 北京：人民出版社，2009：554－555.

的生活要素"❶。

上述表明，自然界作为人类的无机的身体，本应由全体人类共同享有，然而在资本主义社会中，资本家把科技据为己有，作为压榨无产阶级的工具，使得无产阶级生活在社会的底层，无论从物质上还是从精神上都无法享受自然带给人类的好处，最终导致无产阶级无法占有自然资源。从物质上看，自然中存在的一切劳动对象，无论是在生产过程之中，还是生产过程之后，都不属于劳动者本身。在生产过程中，人与劳动对象的关系缺少了人的主体创造与享受的体验，只是单纯地为了完成生产任务；在生产过程之后，生产的商品与劳动者无关，而且还成为异化劳动者的物质力量。从精神上看，劳动者面对自然环境时，早已忘却从动物的属性去感受自然给人类精神带来的美好体验，并不会赋予阳光、空气、森林等这些优美的自然景色以任何的诗意。

2. 无产阶级的生活环境遭到破坏

一方面，关于居住生活环境遭到的破坏，恩格斯在《英国工人阶级状况》中做了详细的揭露。在伦敦，城市中的人们无法呼吸清新的空气，城市的空气质量较于乡村要差得多，因为工业燃烧和聚集的大量工人阶级使城市空气质量严重变差，再加上城市建筑阻碍了空气的流通，人们无法得到足够的氧气。不仅如此，污染的河水使装不起自来水的工人无法喝到干净的饮水，无处安放的垃圾和粪便到处都是，饮食安全更是难以保障，过期的、劣质的食物难以处理，这样，他们的地区变得十分肮脏，这一切的灾难使工人阶级长期生活在恐慌之中却无能为力。在《论住宅问题》中，恩格斯同样提出，工人住房短缺的问题并不是指一般程度上工人阶级居住状况不良导致有害健康，而"是指工人的恶劣住房条件因人口突然涌进大城市而特别恶化"❷。显然，生活在社会底层的工人无产阶级，最基本的生活环境也遭到了破坏，清新的空气、明媚的阳光、甘甜的河水、整洁的房屋是人类生活的基本保障，然而这些却离他们越来越远。生活需求是人类最基本的需求，生活需求中关于生活环境的需求又

---

❶　马克思，恩格斯. 马克思恩格斯文集（第一卷）［M］. 北京：人民出版社，2009：225.

❷　马克思，恩格斯. 马克思恩格斯文集（第三卷）［M］. 北京：人民出版社，2009：250.

是重中之重，长期生活在破败的环境之下，广大工人无产阶级的悲惨命运可想而知。

另一方面，从生产生活环境遭到的破坏看，工人无产阶级不仅日常生活的环境遭到了破坏，在实际的工作当中情况也未能有所改善。早在《伍珀河谷来信》中，恩格斯就揭示了当时的工人在恶劣的自然环境之下工作，大部分工人童年时期就进入工厂劳动，他们长期工作在烟雾缭绕的密闭空间里。此后，马克思在《资本论》中又进一步揭示了资本主义生产中不变资本的节约都是以牺牲工人的生产环境为代价的，社会生产资料的节约是建立在资本家掠夺工人劳动条件如空气、阳光的基础上实现的。高温的厂房、充满原料碎屑的空气、震耳欲聋的嘈杂声时刻困扰着工人，傅立叶称之"温和的监狱"。资本主义大工业普遍采用机器进行生产以完成对生产资料的节约，从最初就注定了这种节约不仅仅是对劳动力的压迫，更是对劳动条件赤裸裸的掠夺。不仅男工如此，大量的女工以及年纪较小的工人常常工作在有毒物质的侵害之下，这就剥夺了工人"必不可少的劳动条件——空间、光线、通风设备等等"❶。此外，马克思还大量引用了约翰·西蒙医生的论述材料，如"煤气灯点着后，室内非常闷热……一般说来，通风极差，完全不足以在日落之后把热气和煤气燃烧的产物排除出去"❷。不难发现，工人在恶劣的工作环境下遭受了非人的虐待，劳动作为人的本质特征，在这里发生了严重的异化，甚至人作为动物本身应该享有的需求也难以得到满足，工人阶级工作在资本家建立的"牢狱"之中却又无力反抗。这种"牢狱"是资产阶级人为制造的具有自然属性的"牢狱"。之所以是资产阶级人为制造的"牢狱"，是因为资本家为了最大限度地节约生产成本，而完全不顾工人的工作环境，因为工作环境的恶劣并不影响资本家生产商品创造利润。之所以是具有自然属性的"牢狱"，是因为工作环境里面大都涉及污浊的空气、高热的气温、机器生产的噪声等自然因素。

❶　马克思，恩格斯. 马克思恩格斯文集（第五卷）［M］. 北京：人民出版社，2009：532.

❷　马克思，恩格斯. 马克思恩格斯文集（第七卷）［M］. 北京：人民出版社，2009：109－110.

二、无产阶级遭受伤害

无产阶级长期生活在被破坏的环境之中，这对他们的身体和心理都造成了严重的伤害。马克思恩格斯认为，一无所有的工人阶级长期生活在如此破烂不堪的环境之下，想要获得健康的体魄和长久的寿命是根本不可能的。具体而言，无产阶级受到的伤害主要体现在大量疾病多发、高死亡率和道德滑坡三个方面。

（一）大量疾病多发

由于长期生活在被污染的环境之中，广大工人阶级的身体也是每况愈下，疾病缠身。可以说，资本主义大生产美其名曰的各种节约，都是以劳动工人的身体牺牲为代价的。

在《伍珀河谷来信》中，恩格斯就批判工厂主把工厂搞得乌七八糟，导致伍珀河谷的劳动者不仅生活艰辛，而且身患多种疾病，肺病尤为严重。在《英国工人阶级状况》中，恩格斯进行了更深入的揭示，在环境污染的情况之下，广大工人的身体每况愈下，疾病缠身的情况导致很多人过早地失去了宝贵的生命。工人的住宅"和这个阶级的其他生活条件结合起来，成了百病丛生的根源"❶。第一，肺病是工人阶级患病最多的疾病。伦敦空气的严重污染，导致大量工人长期呼吸被严重污染的空气，马路上的行人都会有或轻或重的肺结核，这种现象在伦敦最为突出。第二，伤寒病是在工人阶级中另外一种高发的传染病。在伦敦的东区、北区、南区大部分潮湿而且肮脏的地方，这种疾病最为严重。恩格斯列举了绍斯伍德·斯密斯博士关于热病医院的年报，这所医院在 1843 年诊治的患者比往年的患者要多出将近一半。这种现象绝不仅仅发生在伦敦，英格兰的其他城市如曼彻斯特这种恶性的伤寒从未绝迹。除此之

---

❶ 马克思，恩格斯. 马克思恩格斯文集（第一卷）［M］. 北京：人民出版社，2009：411.

外，其他如苏格兰、爱尔兰等地，伤寒猖獗的程度同样超出想象。在《论住宅问题》中，恩格斯揭露了工人居住的密集区域是所有传染病发生的初始地，那些极易传染的疾病大都是从这些地方蔓延开来的，通过这里传播到城市的各个角落，有时候就连资本家们也一样不能幸免。

此外，马克思在《资本论》中也多次关注工人阶级在污染环境下的身体健康问题。通常而言，资本主义生产中所产生的不变资本的节约，都是在恶劣的生活条件下以牺牲工人的身体健康为代价的。资本家为了节省建筑开支，建造厂房的空间都极为有限，大批工人长期拥挤在狭小的空间内，美其名曰为建筑物的节约。这种所谓的建筑物的节约以及通风设备的节约，造成大量工人患上肺部的顽疾而又无力医治。以火柴制造业为例，由于木梗涂磷的办法被发明，使得火柴制造业在英国迅速发展，但与此同时，火柴工人的职业病"牙关锁闭症蔓延到各地"❶，因为他们无论是工作还是吃饭都是在磷毒弥漫的空间里面。除此之外，资本主义生产方式引起城乡物质变换断裂，由于大城市中衣食形式消费掉的土地成分不能回归土地，这就使生活在城里和乡村的人们都无法拥有良好的体魄。可以说，马克思恩格斯长期以来对工人阶级遭受的环境污染问题给予了持续的关注，揭示了环境污染问题对工人阶级造成的伤害是巨大的。生活环境的污染使他们在年轻的时候就疾病缠身、痛苦不堪，而又苦于贫穷无力医治，疾病成为工人阶级中最普遍的问题。疾病问题的发生是广大工人无产者遭受资本家剥削最直接的表现，也是最普遍的现象。马克思恩格斯始终立足于广大无产阶级的基本立场，正因为无产阶级是为社会发展作出巨大贡献却又牺牲最大的群体，他们悲惨的命运是个人的不幸，也是资本主义社会的不幸。

（二）高死亡率

伴随工人阶级大量疾病多发而来的，就是较高的死亡率。针对这个问题，

---

❶　马克思，恩格斯. 马克思恩格斯文集（第五卷）［M］. 北京：人民出版社，2009：285.

恩格斯在《英国工人阶级状况》中进行了深刻的揭露。生活在城市中的工人阶级身体非常羸弱，由于身患疾病而又不能得到及时的医治，导致很多人过早地去世了。从大城市每年的死亡率看，以 19 世纪 40 年代的英格兰为例，曼彻斯特、利物浦等大城市基本在 1：30 左右，而全英格兰只有 1：45 左右。事实上苏格兰的各个城市比英格兰还要糟糕。从城市中不同等级的街区和房屋看，三等街比一等街高 68%……三等房屋比一等房屋高 78%。从不同的年龄看，死亡率较高的基本发生在工人家庭的孩童之中，这些孩童由于年纪较小，相对大人而言抵抗力还比较弱，无法忍受长期生活在高污染的地方。从城市与农村的对比看，利物浦和曼彻斯特等大城市流行病的死亡率一般来说比农村高两倍，具体而言，城市因肺部疾病死亡的人数是农村的两倍多，因天花、麻疹等流行病死亡的人数是农村的三倍多，因脑水肿、痉挛死亡的人数分别是农村的两倍和九倍。

整体来看，越是科技发达、资本主义大工业兴起的地方，也越是工人阶级死亡率最高的地方。严重的环境污染，不仅剥夺了许多成年人的生命，更是伤害了许多无辜的儿童。人类肆无忌惮地伤害自然，最终却伤害了人类自身，特别是贫困潦倒的无产阶级。广大无产阶级过高的死亡率，一定程度上与物质条件的匮乏相关，但也在很大程度上与他们长期生存在恶劣的自然环境之下密切相关。生活环境空间与生产环境空间，对于工人而言，只是从一个"牢狱"到另一个"牢狱"，虚弱多病的身体无力得到医治，致使他们年纪轻轻就付出了宝贵的生命。

（三）道德滑坡

以科技发展为支撑的资本主义大工业引发的生存环境破坏，不仅给无产阶级从身体上造成大量疾病甚至死亡，同时也从精神上造成创伤，痛苦压抑的生存环境使广大工人失去了对生活的希望，他们似乎已经忘却道德的真正意义。恩格斯同样在《英国工人阶级状况》中指出，"工人的整个状况和周围环境都强烈地促使他们道德堕落"❶。贫困限制了他们对生活的向往，他们看不到未来的希望和出路，因为他们经常连最基本的生活都无法得到保障。对于他们来说，所有高尚的道德都非常遥远，因为从来没有人给予他们以关怀。因此，工人阶级作为生活在社会底层的无产者，资产阶级对他们的压迫使他们无法相信这个社会还有道德的存在，生活环境的破坏加重了他们的绝望之情。社会的不道德致使他们不再相信道德的真正意义与价值，因为他们从来没有体会到资本家对他们做出过哪些道德的事情。道德成了一个空洞的口号，似乎很近却又很远，因为脱离工人阶级现实的物质生活状况而去考察他们的道德素养，本身就陷入了唯心主义的空中楼阁，只有在现实层面保障了工人阶级的切身利益，特别是自然环境的利益，才能对他们做出更加合理的道德评价。

---

❶　马克思，恩格斯. 马克思恩格斯文集（第一卷）［M］. 北京：人民出版社，2009：428.

第四章

马克思恩格斯关于科技发展对自然环境影响思想在西方的发展

马克思恩格斯关于科技发展对自然环境影响的思想作为马克思主义思想体系的一个内在理论构成，源于对实践的深刻反思和批判。这不是一个僵化的思想构成，而是随着实践的发展而不断深化的，并在西方国家产生了重要的影响。其中，法兰克福学派和生态学马克思主义的相关理论最为深刻，也最具代表性。法兰克福学派最早关注科技发展对自然环境影响的问题，其代表人物霍克海默、阿道尔诺、马尔库塞、哈贝马斯、芬伯格等人从不同的角度进行了理论探索。之后，生态学马克思主义着重从生态环境方面反思科技发展带来的利弊效应，莱斯、阿格尔、高兹、奥康纳、福斯特等人发表了一系列重要的论述，取得了一定的理论成果。综观他们的理论观点，大致可以归纳为三个主题：一是关于科技发展破坏自然环境的制度批判，二是关于科技发展破坏自然环境的价值观念剖析，三是关于科技发展的审视与转向。

第一节　科技发展破坏自然环境的制度批判

在西方马克思主义中，无论是法兰克福学派还是生态学马克思主义，都认为资本主义制度本身是科技发展造成自然环境破坏的根本原因。法兰克福学派侧重于从政治层面分析科技发展是服务于资本主义意识形态的需要，从而忽略了对自然环境的影响。生态学马克思主义侧重于从经济层面分析科技发展是服务于资本主义财富积累的需要，对自然环境的破坏理所当然不在资本家考虑范围之内。

一、科技发展服务于资本主义意识形态

法兰克福学派认为，人们对于"技术理性"过度迷恋的背后隐含着对权力的追求，科技一直受到意识形态的影响甚至是控制，是意识形态表达的新形式。科技作为体现人对人控制的一种手段，必然造成人对自然的控制，因为人通过科技对外在自然的控制只是人对人控制的新的方式。为此，科技发展的价值只是成为维护统治阶级利益的有力工具，而对自然环境造成的破坏是不在其考虑范围之内的。他们认为科技并不是价值中立的，科技的发展及其应用与社会领域紧密结合，构成一个相互融合、相互影响的体系，不受到社会其他因素影响的科技是不存在的。科技并不是按照自身的绝对规律向前发展，无论科学的研究还是技术的发明，在付诸实践之前都蕴含了劳动者的主观意愿，这从根本上决定了科技的发展方向，其内在地包含了统治阶级的政治意图，只是它作为一种隐蔽的方式难以被人发现。科技在社会各个方面的应用过程中，是科技发挥意识形态功效的主要场域。科技最终造就出一种新的文化形式——文化工业，统治阶级把意识形态的问题简单地归结为科技的问题，"技术理性"操控着人们的价值观念，人们沉迷在物欲的享受中而忘却了对自然价值的关注。

霍克海默早就对科学是具有意识形态属性的观点进行过深入的探讨，他在韦伯"合理性"概念的基础上提出，技术的合理性与政治的合理性是统一的。在《启蒙辩证法》中，霍克海默和阿道尔诺共同认为，科技与意识形态的结合，使得"知识就是力量，它在认识的道路上畅通无阻：既不听从造物主的奴役，也不对世界统治者逆来顺受"❶，自然界失去了自身应有的内在价值，对于社会来说变成了资料一般。在《批判理论》中，霍克海默得出论断："不仅形而上学，而且还有它所批评的科学，皆为意识形态的东西。"❷ 之所以会

---

❶ ［德］马克斯·霍克海默，［德］西奥多·阿道尔诺. 启蒙辩证法［M］. 渠敬东，等译. 上海：上海人民出版社，2006：2.

❷ ［德］马克斯·霍克海默. 批判理论［M］. 李小兵，等译. 重庆：重庆出版社，1989：5.

出现这种情况，科技之所以会发生异化，在实践中体现出局限性，并不是由于科技发展本身引起的，根本性的原因在于资本主义制度本身，"造成这种缺陷的根源并不在科学本身，而在于那些阻碍科学发展并与内在于科学中的理性成分格格不入的社会条件"❶。但是人们把自然环境破坏的原因归结为技术理性或科学的思维，进而掩盖真正的社会的原因。

此后，马尔库塞关于科技作为意识形态技术的理论更加深入。他提出了自己的论断，在资本主义社会，科技是为统治阶级服务的有力工具，即"在社会现实中，不管发生什么变化，人对人的统治都是联结前技术理性和技术理性的历史连续性"❷。可以理解为，政治上的统治从来都是与技术理性相关联的，在资本主义社会里，这种关联随着科技的进步而变得更加紧密。马尔库塞并非简单地否定科技的"中立性"，他承认在一定程度上而言，科技是具有中立性的，因为，以自然科学为例，它是关于客观现实的研究，客观现实本身并不会和特定的目的相关，也不会和任何主观意图相联系，所以，从这个层面来讲，科技是中立性的。但是，马尔库塞之所以强调科技并不是中立性的，而是形成了与政治意识的合谋，就在于"科学—技术的合理性和操纵一起被熔接成一种新型的社会控制形式"❸。他认为技术理性这个概念本身可能是意识形态的，可以从两个维度进行理解：一是技术发展本身就受到意识形态控制，技术并不是遵循其自身发展规律自在发展的，技术的发展体现了部分统治阶级的政治意图，他们基本决定了技术发展的走向；二是技术的应用是受到意识形态控制的，如何应用技术，这背后同样隐藏着统治阶级的政治目的。

马尔库塞在《单向度的人》中指出："面对这个社会的极权主义特征，技术'中立性'的传统概念不再能够维持。技术本身不能独立于对它的使用；这种技术社会是一个统治系统，这个系统在技术的概念和结构中已经起着作

---

❶　［德］马克斯·霍克海默. 批判理论［M］. 李小兵，等译. 重庆：重庆出版社，1989：2.
❷　［美］赫伯特·马尔库塞. 单向度的人［M］. 刘继，译. 上海：上海译文出版社，1989：129.
❸　［美］赫伯特·马尔库塞. 单向度的人［M］. 刘继，译. 上海：上海译文出版社，1989：131.

用。"❶ 近代自然科学的发展，实际上体现了人类对于自然有目的的筹划和利用，是为了实现人类对自然的完全掌控。"自然科学是在把自然设想为控制和组织的潜在工具和材料的技术先验论条件下得到发展的。"❷ 为此，马尔库塞得出结论，技术理性本身就是意识形态。无论是技术本身，还是技术的应用，都蕴含着资产阶级事先预谋好的主观意图，通过科技这种物质的外在形式得以表达。科技通过愈加隐蔽的形式变为一种新的统治工具，这种统治工具的功能属性使科技成为现代社会统治阶级一种新出现的、隐蔽的社会控制方式。所以，"大气污染和水污染、工业和商业强占了迄今公众还能涉足的自然区，这一切较之于奴役好不了多少。这方面的斗争是一种政治斗争，对自然的损害在很大程度上是直接与资本主义经济有关的"❸。

马尔库塞认为，虽然科技的资本主义应用造成了严重的生态环境问题，但是生态环境问题的解决并不是要放弃科技发展，回归到科技的原始时代，而是要依靠科技发展来实现自然的解放。"'自然界的解放'并不意味着倒退到前工业技术阶段去，而是进而利用技术方面的成就，把人与自然界从为剥削服务的破坏地滥用科学技术中解放出来。"❹ 为了依靠科技发展实现自然的解放，需要实现社会制度的变革。科技的发展本身并不会带来环境问题，关键在于如何应用科技，资本主义社会产生的生态环境问题，根源上都在于资本主义制度对于科技的应用不当，必须对现存的资本主义制度进行变革和斗争。马尔库塞提出："必须随时随地同现存的制度所造成的这种物质上的污染做斗争，这正像必须同这一制度所造成的精神污染做斗争一样、使生态学达到在资本主义结构内再也不能容纳的地步，就意味着开始超出在资本主义结构内的发展。"❺ 在社会结构变革的基础上，科技的发展也将告别受到政治控制的阶段，科技的发展和应用都将以人们的实际需求为根本宗旨，进而开展对自然的开发和利

❶ ［美］赫伯特·马尔库塞. 单向度的人［M］. 刘继，译. 上海：上海译文出版社，1989：7.
❷ ［美］赫伯特·马尔库塞. 单向度的人［M］. 刘继，译. 上海：上海译文出版社，1989：137.
❸ Herbert Marcuse. Counterrevolution and Revolt［M］. Boston：Beacon Press，1972：61.
❹ ［美］赫伯特·马尔库塞. 工业社会和新左派［M］. 任立，译. 北京：商务印书馆，1982：128.
❺ ［美］赫伯特·马尔库塞. 工业社会和新左派［M］. 任立，译. 北京：商务印书馆，1982：129.

用。科技在应用的过程中可以不断改善存在的自然环境问题，纠正科技发展给自然带来的不良效应，也就是说，科技具有一定的自我修正的功效，可以实现自我改良。

哈贝马斯也表达了类似的观点，他认为传统意识形态的统治在资本主义发展到后期已经显得有些乏力，为了摆脱这种境况，统治阶级把科技作为维护政治合理性的有利工具，这种情况是到了资本主义社会晚期才出现的。在《作为"意识形态"的技术与科学》中，哈贝马斯对韦伯和马尔库塞的相关思想进行了阐述。他认为，韦伯的"合理性"或"理性"概念包含着科技为意识形态服务的功能，因为统治阶级的目的理性活动在技术化的过程中必然涵盖如何发展生产工具的问题。马尔库塞在韦伯观点的基础上提出，技术的资本主义应用维护的是资本主义制度的合理性，"这种合理性涉及的仅仅是可能的技术支配关系，所以它要求的是包含着统治（不管是对自然的统治还是对社会的统治）的一种活动类型"❶。虽然人们生活在资产阶级的压迫和控制之下丧失了本应享有的自然条件，但是在科技维护的合理性统治之下，人们反抗的意愿日益被消磨殆尽，因为"日益增长的生产率和对自然的控制，也可以使个人的生活愈加安逸和舒适"❷。因此，哈贝马斯认为，科技在当代发挥着两个方面的重要功效：在经济方面，科技已经逐步成为第一生产力；在政治方面，科技背后隐藏着特定的政治意图。这两者共同体现了人类对自然的征服。

在《交往与社会进化》中，哈贝马斯提出，现代国家需要维护已有政治秩序的合法化，在这一过程中，科技是一个重要的倚仗手段，因为，"如果合法化力量能成功地把实践问题重新界定为技术问题，甚至能成功地阻止资产阶级社会的价值普遍主义激进化的问题产生，那么，这样一类与合法化相关的问题甚至不需要被考虑"❸。技术的合理性背后隐含或代表的是政治的合法性，

❶ ［德］尤尔根·哈贝马斯. 作为"意识形态"的技术与科学［M］. 李黎，郭官义，译. 上海：学林出版社，1999：39.

❷ ［德］尤尔根·哈贝马斯. 作为"意识形态"的技术与科学［M］. 李黎，郭官义，译. 上海：学林出版社，1999：40.

❸ ［德］尤尔根·哈贝马斯. 交往与社会进化［M］. 张博树，译. 重庆：重庆出版社，1989：205.

是为政治统治服务的，正是出于这种目的和意图，现代国家在发展科技和应用科技的过程中就掺杂了明显的政治色彩，科技既是人类统治自然的有力工具，同时也是统治人的有力工具，所以说，科技并不能实现完全的价值中立。并且，这种情况已经由局部地区和部分国家向全球范围蔓延，"国际社会系统把它的势力范围远远扩展到周围的自然环境，以至于它无论在内部自然方面还是在外部自然方面都达到了极限"❶。

依靠科技的力量利用自然、控制自然，与现实的社会关系密不可分，背后体现了一部分人对另一部分人的统治。在资本主义社会，资本家发展科技，依靠先进的科技大幅提高社会生产力，实现对自然前所未有的开采与利用，不是为了让所有人都过上富裕的生活，而是以此为工具，实现对广大无产阶级的控制和压榨，进而巩固自身的统治地位。

二、科技发展服务于资本主义财富积累

生态学马克思主义认为，资本主义制度是科技发展造成自然环境破坏问题的根本性因素，资本主义制度从根本上是为维护统治阶级利益服务的，尤其是为了积累资本的经济利益服务的。科技只是资产阶级赚取剩余价值的工具，科技发展造成的生态负效应根源并不在科技发展本身。科技的资本主义应用导致科技的非理性应用，科技每前进一步，都意味着人类对自然潜在性破坏能力的增强。在资本主义制度下，科技发展与自然环境之间具有不可调和的矛盾，那些试图在资本主义制度内部寻求生态危机解决之道的理论，最终都不可能实现，只有实现对资本主义制度的超越，才能充分发挥科技发展对自然环境的有利作用。

高兹认为，不存在所谓的"科技中性论"，这种理论没有看到科技发展总是为资本主义生产服务的，资产阶级正是通过科技实现对自然的统治。以利润为动机的资本主义必然会造成生态环境的破坏，因为资本家会不断地增加投

---

❶ Jurgen Habermas. Legitimation Crisis [M]. Boston：Beacon Press，1975：41.

资，最大限度地掠夺自然资源，"那些通过生产手段的改进来补偿自然资源的稀缺性，相反却加重了资源的稀缺性"❶。

奥康纳认为，传统观点通常把科技看作帮助人类摆脱自然束缚、利用甚至是控制自然的重要手段，但是这种传统观点受到了批判理论学派的质疑。批判理论学派认为现有科技的实际作用表明，科技不仅没有能够实现人类和自然的解放，相反，它成为压榨人类和自然的工具。科技的资本主义应用既体现了好处的一面，又体现了较多坏处的一面，这背后的原因并不在于科技发展本身，而是科技应用的资本主义制度。"社会和政治斗争是理解资本所采用技术的类型及其对人和自然的影响的关键。……也许技术本身不应受到更多的指责。对墨西哥工业的一项研究表明，对工人的那种身心盘剥，其根源在于劳动关系的资本主义本性，而不在于技术。"❷ 那些对自然环境有利的科技并没有得到优先的发展，反而是对自然环境可能会产生不利影响的科技由于社会生产需要而大踏步前进，这是因为科技的资本主义应用需要发挥重要的经济功能。奥康纳将之归结为三个方面：一是提高利润率，促进资本主义的积累；二是降低原料成本或使用效率；三是开发新的消费品。这三个方面就决定了科技的资本主义应用的价值旨向是创造更多的剩余价值，实现资本的累积。在资本主义制度下，无论是生产技术还是消费技术，都不是亲近自然的技术，"资本主义的生产和消费技术……对于生活方式常常是破坏性的"❸。因为资本家绝不会大力发展生态友好型的技术，"除非各个资本或产业相信那是有利可图的，或者生态运动和环境立法逼迫他们那样去做。……从工业资本主义的一开始起，它对技术的选择就是以其对成本和销售额而不是环境的影响为基础的"❹。长此以往，科技的资本主义应用引发的生态危机如果不能很好地得到解决，那么将导

---

❶ Andre Gorz. Ecology as Politics［M］. London：Pluto Press，1983：16.

❷ ［美］詹姆斯·奥康纳. 自然的理由［M］. 唐正东，臧佩洪，译. 南京：南京大学出版社，2003：327.

❸ ［美］詹姆斯·奥康纳. 自然的理由［M］. 唐正东，臧佩洪，译. 南京：南京大学出版社，2003：330.

❹ ［美］詹姆斯·奥康纳. 自然的理由［M］. 唐正东，臧佩洪，译. 南京：南京大学出版社，2003：326.

致"两个自我毁灭",即资本的自我毁灭和资本主义生产关系的自我毁灭。

福斯特认为,在资本主义制度内是无法破解科技发展带来的生态环境问题的,在《生态危机与资本主义》中,福斯特进行了具体的论述。他认为资本主义通常依靠两种路径改善生态环境问题:一是提高能源的生产效率,二是应用环境污染较少的技术。但是,这两种方法都具有明显的局限性,那就是人类能源的消耗并不会减少,对环境的污染也不会降低,之所以会这样,福斯特以"杰文斯悖论"进行了说明。煤炭技术的提升虽然提高了生产效率,但是社会整体的消耗量并没有降低,而是相对地增加了。原因就在于资本主义追求的是资本的积累,资产阶级只关注技术在生产过程能否创造利润、积累财富,这就使许多更有利于资源节约和生态保护的技术由于创造利润的不足而遭到资本家的联合抵制,那些真正有利于自然的技术很难在生产中找到自己的位置。当然,就算是更加先进的技术在资本主义社会被广泛地应用,仍然不可避免地破坏自然的命运,因为人们的消费需求被无限放大了,大量的消费只会加剧资源的紧缺和对环境的破坏。福斯特以汽车行业为例进行了说明,虽然资本主义社会可以通过增加公共交通的方法降低对自然环境的破坏,但是利益的驱动致使资本家更专心于推动小汽车的发展。

至此,福斯特只能悲观地得出结论:"在这种体制下,将可持续发展仅局限于我们是否能在现有生产框架内开发出更高效率的技术是毫无意义的,这就好像把我们整个生产体制连同其非理性、浪费和剥削进行了'升级'而已。我们只能寄希望于改造制度本身,这意味着并不是简单地改变该制度特定的'调节方式'(正如马克思主义调节理论家们所言),而是从本质上超越现存积累体制。能解决问题的不是技术,而是社会经济制度本身。在发达的社会经济体制下,与环境建立可持续关系的社会生产方式是存在的,只是社会生产关系阻碍了这种变革。"❶ 如果不改变资本主义制度,无论科技如何发展,都不可避免对自然环境造成破坏,生态危机的问题都不能给予解决。最终,福斯特给

---

❶ [美]约翰·贝拉米·福斯特. 生态危机与资本主义 [M]. 耿建新,宋兴无,译. 上海:上海译文出版社,2006:95.

出了自己的解决方案，那就是"沿着社会主义方向改造社会生产关系。这种社会的支配力量不是追逐利润而是满足人民的真正需要和社会生态可持续发展的要求"❶。

资本家依靠科技的力量利用自然，控制自然，除了要巩固自身统治阶级的地位，最直接的目的就是赚取剩余价值，实现资本的积累。在利益的驱使下，有些亲近自然的技术即便被发明出来，也不会被应用到生产过程中，因为社会生产率的提升才是资本家关心的事情，对自然环境的影响并不会引起他们的重视。为此，要想制止资本主义科技发展对自然环境的破坏，只有完成对资本主义制度的变革或超越才有可能实现。科技的发展必须将其对自然环境的影响考虑在范围之内，实现科技发展与自然环境的良性互动。生态学马克思主义认为，必须从根本的社会制度着手，以生态社会主义代替资本主义，这样才能从根本上改变以追求剩余价值为唯一宗旨的观念，更好地从人们的合理需求出发，保障合理的生态诉求，通过科技进步实现经济稳态增长与生态环境保护的兼顾，最终形成人与自然的和谐关系。

第二节 科技发展破坏自然环境的价值观念剖析

科技发展之所以会造成对自然环境的破坏，与人们在应用科技时持有的价值观念密切相关。法兰克福学派霍克海默和阿道尔诺在卢卡奇技术理性观点的基础上提出，人类因为偏执于"技术理性"的价值观念，把自然放置于与人相分离的对立面，而这种价值观念的形成是受到哲学上"同一性"思维模式的影响。马尔库塞提出了"技术合理性"的概念，为了迎合资产阶级统治的合理性，技术也相应具有了合理性，这使技术的发展没能实现人类在自然面前

---

❶ ［美］约翰·贝拉米·福斯特. 生态危机与资本主义［M］. 耿建新，宋兴无，译. 上海：上海译文出版社，2006：96.

的解放，相反，对于自然的破坏切断了人类的生命氛围。生态学马克思主义者莱斯认为，基于"控制自然"的观念，科技成为人类控制自然的工具，但人类并不能够真正地控制自然，所以只能控制自己不合理的欲望。

一、"技术理性"的价值观念

根据历史唯物主义的基本观点，任何价值观念的形成都离不开特定的社会历史背景，"技术理性"价值观念之所以被推崇，是因为它与资本主义现代化进程中科技的发展紧密相连。科技发展推动资本主义生产方式的转变为人们带来了丰富的物质财富，人们告别了信奉自然神灵的时代，开启了崇拜科技力量的时代，人们大都以理性标准评判自己的日常行为，进而造成理性与人性的日益分离。在这种背景之下，西方学者开始对科技理性带来的负面效应进行批判。

最早进行相关批判的是马克思·韦伯，他在阐述"合理性"概念的同时考察了科技理性与资本主义统治之间的关系。韦伯的"合理性"概念突出对现实社会各种纷杂的现象进行理性的思考，这种理性的思考侧重于考察事物与人的目的、价值之间的关系，如果二者一致则是合理性的，相反，如果二者之间不一致，则是不合理性的。因此，他断言科技理性对于维护资本主义统治合理性发挥了重要的作用。

之后，西方马克思主义的鼻祖卢卡奇对技术理性进行了批判。他认为理性的合理性忽视了生命的价值性，将人的本质分裂开了。"如果我们纵观劳动过程从手工业经过协作，手工工场到机器工业的发展所走过的道路，那么就可以看出合理化不断增加，工人的质的特性、即人的——个体的特性越来越被消除。"● 资本主义合理化的过程，也就是科技征服自然，不断扩大社会生产，造成人的本质缺失的过程。之所以会造成这种结果，原因就在于科技与阶级的

● ［匈］卢卡奇. 历史与阶级意识［M］. 杜章智，任立，燕宏远，译. 北京：商务印书馆，2004：152.

合谋，因为"科学方法（它产生于某一阶级的社会存在，产生于它从概念上把握这种存在的必然性和需要）和这个阶级本身存在之间密切的相互作用"❶。

在前人批判的基础上，法兰克福学派对"技术理性"进行了更加深入的分析。他们普遍认为，对于"技术理性"的痴迷，把技术作为主导社会发展的根本因素，忽略了科技发展所带来的不利影响，对于自然环境的破坏就属于其中之一。作为法兰克福学派早期最具影响力的代表人物，霍克海默和阿道尔诺提出理性主义导致"启蒙的自我毁灭"的论断。理性主义中的技术理性主义最具代表性，因为，启蒙实际上演变为对科技的崇拜，导致科技成为一种破坏自然的物质力量。他们认为，科学的发展本来是帮助人类摆脱对自然的迷信，从自然的神话中解脱出来，然而，由于人类对科学过度的信赖，把科学信奉为新的神，以致人类又陷入对启蒙理性的迷恋，进而把科学和技术紧密结合，依靠技术理性实现对自然的控制。他们在《启蒙辩证法》中对这一观点进行了系统的论述。自然科学的进步激发了人类思想的启蒙，启蒙的本性就是要帮助人类在自然面前实现从"无知"到"有知"的转变，然而，被启蒙的世界在现实却陷入了貌似胜利实是灾难之中，其中一个原因就在于人类对于"启蒙理性"和"技术理性"的执念，这种执念引导人们痴迷于如何更高效地利用自然、开发自然，忘记了人本身就是自然的一部分，人的命运与自然息息相关，这就使科技的发展造成人与自然的关系出现严重的异化。在现代科学的发展历程中，人类逐渐淡忘了对于自然奥秘孜孜不倦的探索与解惑，科学变成人类利用和控制自然的有利工具，"人们从自然中想学到的就是如何利用自然，以便全面地统治自然和他者"❷。阿道尔诺认为，人类之所以会形成这种凸显人类主体性的观念，是受到哲学上"同一性"思维模式影响的缘故，这种思维模式强调控制和支配。所以，人类凭借智慧之光的力量，试图尝试征服

---

❶ ［匈］卢卡奇. 历史与阶级意识［M］. 杜章智，任立，燕宏远，译. 北京：商务印书馆，2004：173.

❷ ［德］马克斯·霍克海默，［德］西奥多·阿道尔诺. 启蒙辩证法［M］. 渠敬东，等译. 上海：上海人民出版社，2006：2.

自然，自然变成了纯粹的效用客体。

　　马尔库塞在韦伯"合理性"概念的基础上提出了"技术合理性"概念：为了迎合资产阶级统治的逻辑，技术也理所当然地具备了合理性。在前资本主义社会，是一部分人对另一部分人的依赖；在资本主义社会，却是一部分人对技术手段的依赖，技术的合理性体现在扩大现有的物质财富生产，满足人们多样的、却是虚假的需要，让人们逐渐失去批判的否定性思维。在肯定性思维的方式下，人们只会拥护现有的技术合理性，拥护技术合理性背后代表的统治合理性，因为"谋划并着手对自然进行技术改造的社会却改变了统治的基础"❶。如果说这样的社会"目的是要创造一种以人化的自然为基础的人类生活的话"❷，那是尤为可疑的。之所以会出现这种现象，马尔库塞认为，具有批判性的否定性思维已经逐渐被维护合理性的肯定性思维所替代，肯定性思维理所当然地把现实所有的存在都解释为具有合理性的，这其中就包括"技术合理性"。因为从理性、真理、现实三者的关系来看，无论是理论理性还是实践理性，都试图证明人或事物的真理性一面，而这种证明不是从主观意愿出发，而是根据客观的现实条件，这种肯定性的思维很好地将现实的存在都解释为具有极其合理性的，极权主义的技术合理性领域成为理性观念演变的最新结果。

　　所以，当人类从自然的神话跳入技术理性的神话中，事实上并没有在真正意义上达成人与自然的和解。相比于从前，人类在一定的程度上更有力地控制了自然，展现了人类主体性的一面，但这并没有改变人在自然面前的从属地位，反过来受到伤害的还是人类自身。正如马尔库塞所言，"商业化了的自然界、污染了的自然界、军事化了的自然界，不仅在生态学意义上，而且在实存本身的意义上，切断了人的生命氛围"❸。面对日益严重的自然环境问题和人与自然关系的紧张，人们争取革命、改变现状的意识逐渐在消解，因为人们正

---

❶　[美] 赫伯特·马尔库塞. 单向度的人 [M]. 刘继，译. 上海：上海译文出版社，2006：129.
❷　[美] 赫伯特·马尔库塞. 单向度的人 [M]. 刘继，译. 上海：上海译文出版社，2006：130.
❸　[美] 赫伯特·马尔库塞. 审美之维 [M]. 李小兵，译. 北京：生活·读书·新知三联书店，1989：131.

在沉迷于科技发展所带来的物质享受，批判性的思维逐渐被肯定性思维所替代。马尔库塞深刻地看到，"对自然的与日俱增的支配……并加强了本能压抑的需要"❶。

当然，人类"技术理性"价值观念的形成有其特定的历史与现实背景。自然科学的进步和技术工具的发明，帮助人类在很大的程度上摆脱了对自然的迷信，自然再也不是神秘莫测的神灵，而是能够被人类认识和利用的客体。人类逐渐恢复了自身的主观能动性，认为凭借先进的技术可以战胜自然，为人类社会发展服务，人类开始转向对技术理性的崇拜，迷恋技术是征服自然的万能工具，这也就导致自然在人类面前再也不是变幻莫测的神秘之物，而只是用来满足人类需求、供人类无限利用的客体。

二、"控制自然"的价值观念

生态学马克思主义代表人物莱斯认为，科技发展之所以会带来严重的生态环境问题，不应该过分苛责科技本身，科技只是人类作用于自然的工具，人类如何利用自然，或是在遵循何种理念下利用科技才是问题产生的根本原因。他在《自然的控制》中进行了深刻的研究。莱斯提出，具体而言，人类头脑中秉持的控制自然的观念才是造成科技发展破坏自然环境的原因。莱斯指出，人类控制自然的观念最早来源于基督教的教义，人类开始行使对自然的主宰。而后，文艺复兴运动高度凸显人的主体力量，人类不断探寻自然的奥秘，试图征服自然。在这种背景之下，控制自然的价值观念在资本主义社会不仅更加深化，而且在社会生产中得到了实际的体现。随着人们利用科技不断征服自然，使得控制自然的观念深入人心，这就导致"一种新的隐藏于统治自然方式中的贪欲在有技术才智的人们中发展起来了"❷。因为，人类如要达成控制自然

---

❶ ［美］赫伯特·马尔库塞. 爱欲与文明［M］. 黄勇，薛民，译. 上海：上海译文出版社，1987：262.

❷ ［加］威廉·莱斯. 自然的控制［M］. 岳长龄，李建华，译. 重庆：重庆出版社，1993：13.

的目的，必须依靠科技的进步，只有实现科技发展的不断前进，人类控制自然的力量才会更加强大。资本主义社会为科技发展提供了必要的有利条件，社会化大生产需要更加先进的技术设备才能够提高生产力，已有的研究设备更是提供了基础的物质条件保障。所以，自然彻底地沦为人类开发利用的纯粹客体，除商业价值之外，自然再也不会为人类提供其他意义上的价值。莱斯认为，人类控制自然的观念不仅造成自然环境的破坏，而且这种尝试注定是要失败的，科技发展永远不可能探究自然的终极奥秘，人类在自然面前还是要保持一种谦逊的态度。

为此，莱斯认为需要对"控制自然"的概念进行新的阐释，控制自然的概念并不是要实现对于自然的控制，而是需要更好地控制非理性的观念和不合理的欲望，加入生态伦理的审视，帮助人类树立科学的、正确的价值观念。问题的关键已经不在于科技发展的快慢，而是在于科技发展的生态伦理审视，将更多的社会文化因素加入科技的内在属性。"它的主旨在于伦理和道德的发展，而不是科学或技术的革新。"❶ 只有借助于伦理的审视才能进一步规范人类利用科技的目的和行为，进而克服局限于自我固有利益的狭隘眼界，从整个自然生态系统的利益出发，尊重自然、合理利用自然；不再把"人类技术的本质看作统治自然的能力……应该把它看作对自然和人类之间关系的控制"❷。除此之外，福斯特也表达过类似的观点。他认为资本主义社会遵循的是机械的世界观，人们机械地对待人与自然的关系，把自然看成人通过技术征服的对象，这使得科技的应用与自然环境相互对立。

应该说，自然界作为一个复杂的有机系统，充满了奥秘和不可预测性。人类虽然凭借自然科学的发展不断深化对自然的认识，但人类认识的有限性永远无法达到对自然认识的穷尽，试图通过科技发展的方式控制自然，最终只能是徒劳无功，甚至还会伤害人类自身。人类关于自然原有的认识观念总是会被新发现的自然科学知识所推翻，因此，人类要时刻保持在自然面前的谦逊态度，

---

❶ ［加］威廉·莱斯. 自然的控制［M］. 岳长龄，李建华，译. 重庆：重庆出版社，1993：168.
❷ ［加］威廉·莱斯. 自然的控制［M］. 岳长龄，李建华，译. 重庆：重庆出版社，1993：172.

不要尝试完全掌控和征服自然，而是要学会控制自身不合理的欲望，因为人类只是高深莫测的自然界中的一份子。

第三节 科技发展的审视与转向

西方马克思主义学者虽然指出科技发展造成对自然环境破坏的原因在于资本主义制度科技应用体现的"技术理性""控制自然"的价值观念，但是他们并不满意科技当时的发展态势，自然环境问题的产生在一定程度上也与科技发展相关，科技发展需要进行民主化和自然之美的审视，以实现科技发展的分散化转向。

一、科技发展的民主化审视

由于科技的资本主义应用以及背后所体现的"技术理性""控制自然"的价值观念，人类把自然仅仅看成具有利用价值的纯碎客体，而忽略了自然本身的内在价值。那么，科技的发展该何去何从，如何才能摆脱意识形态的羁绊，更好地化解科技发展对自然环境的破坏呢？哈贝马斯作为法兰克福学派第三代的代表人物，提出了科技的民主化理念。他认为资本主义社会之所以出现科技发展破坏自然环境的现象，在于科技的发展不是以普通大众的利益为出发点，只是为了实现统治阶级的政治目的。那些想要简单地通过改变科技发展方向的方式是不能够从根本上解决问题的，因为问题的根本并不在科技发展本身，而是在科技被谁掌控、为谁服务。因此，需要实现对科技发展的民主化监督和审视，科技发展要充分体现广大群众的利益诉求。所以，需要打破设置在科技发展与人民群众之间的藩篱，让人民群众拥有更多的知情权和参与权，这重点在于"把人们所掌握的技术力量，反过来使用于从事生产的和进行交谈的公民的共识"❶。

哈贝马斯进而提出,科技发展需要置于交往理性的视域,科学共同体在内部交往活动的基础上对科技达成理论共识,实现科技与人们大众的自由意见有机结合,完成科技的民主化转向,促使科技成为人与自然和谐交流的新技术。"只有当人们能够自由地进行交往,并且每个人都能在别人身上来认识自己的时候,人类方能把自然当作另外一个主体来认识。"❷ 当然,把科技置于交往理性的视域,需要一个话语民主的社会给予保障。话语民主的社会以交往理性为指导原则,人民大众可以发表自己的看法和观点,参与科技发展的主体之中,通过话语民主保障人民在科技发展中应有的权益。科研工作者要具有双重角色,既要充当科学家,又要充当社会公民,有责任和义务让更多的民众能够接触和了解到科技的信息,必要的时候甚至可以进行广泛的探讨和争论,这样才能保障科技发展和应用的合理性。只有通过民主化的方式,才能够实现科技与民主之间相互衔接和融合,确保科技在正确的、合理的轨道上前进,更好地发挥科技在社会实践中的有利功效。

芬伯格毕生致力于技术批判理论的研究,他认为传统的技术理论虽然提出许多新的观点,也不乏深刻的见解,但大体上可以分为技术工具理论和技术实体理论两个基本的理论。技术工具理论强调技术本质的工具属性,认为技术本身是中立性的,只是为了达成使用者目的的工具,与价值维度无关,也就决定了技术的发展具有自主性和独立性,不受到任何社会价值的干预,人们也无法对技术发展进行选择。技术实体理论强调技术本身也同样蕴含价值的意义,技术与社会文化并不是截然分开的,而是相互作用,在相互作用的过程中,技术体现了主导性、控制性的一面,技术成为一种控制社会的绝对力量,人们都无法摆脱被技术预设的命运。

芬伯格认为,无论是哪一种技术理论,其对技术本质的认识都具有片面

---

❶ [德] 尤尔根·哈贝马斯. 作为"意识形态"的技术与科学 [M]. 李黎,郭官义,译. 上海:学林出版社,1999:92.

❷ Jurgen Habermas. Technology and Science as Ideology [M]. Bosten:Beacon Press,1970:88.

性。技术并不是完全中立的，技术必然受到社会文化的影响，对于技术的理解
应该"把文化解释学、技术社会学和伦理学研究结合在一起"❶。只有从技术
整体性的视域，即从技术—社会的系统视域全面审视技术，才是重新建构技术
理论的选择和出路。技术并非完全中立和独立，因为不仅在技术的应用过程
中，而且在技术的设计之初，技术本身就蕴含了社会文化的价值。为了说明技
术和社会文化之间的关系，芬伯格提出了"技术代码"的概念。"技术代码"
主要划定了技术的基本规则，一方面包含了技术要素，即划定哪些技术行为是
允许或是禁止的，另一方面包含了社会目的要素，即与一定的社会意图相关
联。"技术代码"是可以不断变化组合的，社会目的对其具有重要的作用，
"如果技术违背了统治阶级的利益，就会被统治阶级搁置，禁锢甚至销毁"❷。

　　芬伯格认为，"技术代码"本身就体现了"技术要素"与"社会要素"的
结合，社会要素是可以影响和改变技术代码的功能的，人们可以通过社会文化
对技术产生影响，将社会价值理念如自然环境价值融入技术体系。原有的技术
理论，要么以乐观的情绪继续促进技术的发展，要么以悲观的情绪阻碍技术的
发展。那么，技术的发展能否不被人们干预呢？芬伯格认为，原有的技术理论
不足之处就在于没有看到人们对于技术发展的方向是可以选择的，也就是说，
人们可以根据自然环境需求改变技术的发展方向。要想把科技发展对自然环境
的不利影响降至最低，就需要实现技术"初级工具化"向"次级工具化"的
转向。技术的初级工具化只是关注技术的功用性，而相对忽视它对于社会和自
然整体的影响。技术的次级工具化则更加关注生态、伦理等技术更宽泛的价值
和意义。"技术的发展也将环境的限制结合到它们的结构中，这是人类社会通
过具体形式中重新设计技术所必须学会的。"❸ 在这种设计中，"技术体系不是

❶　［美］安德鲁·芬伯格. 可选择的现代性［M］. 陆俊，严耕，译. 北京：中国社会科学出版社，
　　2003.
❷　［美］安德鲁·芬伯格. 技术批判理论［M］. 韩连庆，曹观法，译. 北京：北京大学出版社，
　　2005：92.
❸　［美］安德鲁·芬伯格. 技术批判理论［M］. 韩连庆，曹观法，译. 北京：北京大学出版社，
　　2005：238.

简单地与环境的限制相协调，而是将这些限制内在化，使它们在一定意义上成为机械的一部分"❶。

那么，该如何实现技术的这种转向呢？芬伯格提出，需要加强对科学技术的民主化审视。上述已经说明，社会文化通过作用于"技术代码"以改变技术的发展方向和功能，社会文化本身代表了不同利益群体之间的博弈。在资本主义社会中，政治上占有统治地位的资产阶级具有了绝对的技术话语权，普通民众是不具备基本的技术话语权的，从根本上而言，就是社会阶级对立之间的矛盾在"技术代码"中的延伸和体现。为了化解这种矛盾，需要缓和资产阶级和无产阶级之间的矛盾对立，这就要求技术在设计和应用的过程中，充分考虑普通民众的意见，也就是实行"技术代议制"。芬伯格提出了几种具体的实现路径：一是技术争论，代表不同利益群体和阶级之间开展充分的探讨，保障多方的利益诉求；二是参与设计，不同阶级和群体都需要参与技术的设计和应用过程；三是创造性再利用，技术应用者可以在实际的应用过程中促使技术产生新的用途。总体而言，芬伯格提出要把生态价值归入技术体系之中，而这离不开社会不同阶级之间的技术争论和参与，离不开加强技术的民主化审视。

资本主义科技发展之所以会造成严重的自然环境破坏，其中一个主要原因就在于科技的发展缺少民主化的监督与共识。科技被资本家无偿占有，科技发展体现的是资本家的主观意志，并不会考虑其他社会阶级关于科技发展的任何观点，以致科技发展与自然环境的破坏具有必然的相关性。因此，需要加强对科技发展的民主化审视，就科技发展方向的问题达成社会共识。

二、科技发展的自然之美审视

马尔库塞认为，现有的科技发展受到资本主义政治统治的操控，过分地凸显科技的工具特性，科技的发展和应用都极具功利色彩，这就不可避免地造成

---

❶ ［美］安德鲁·芬伯格. 技术批判理论［M］. 韩连庆，曹观法，译. 北京：北京大学出版社，2005：234.

对自然的破坏。人们只是把科技看成征服自然的手段，是为维护现有社会一切合理性而服务的。"人所遇到的自然界是为社会所改造过的自然，是服从于一种特殊的合理性的，这种合理性越来越变成技术的、作为工具的合理性，并且服从于资本主义的要求。"❶ 因此，如要改变这种境况，需要对科技的发展和应用进行新的审视。为了能够依靠科技实现自然的解放和人的解放，科技的发展需要更多地关注自然，特别是要更多地关注自然之美。只有把自然"美的还原"纳入科技的伦理审视之维，才能改善人与自然之间的紧张关系。"如果艺术还原成功地把控制与解放联结起来、成功地指导着对解放的控制，那么在此时，艺术还原就表现在自然的技术改造之中。"❷ 在"美的还原"伦理价值的指导下，对于科技的改造能够改变科技控制自然的境况，这是一种由压迫的控制向解放的控制的转向，也是向自然的解放的转向。这就使人类对于自然的控制并不会造成对于自然的野蛮开发、过度利用、环境破坏和大量的浪费；相反，这种控制强调利用自然的合理性限度，是利用自然与保护自然的兼顾，自然从此具有了更加文明的属性，人们根据自身的自由和解放的需求来合理地控制和解放自然，自然的解放与人的解放和谐统一。

马尔库塞认为，对于科技发展的自然之美审视，意味着科技发展方向的转变，而且这种转变并不单纯为量的维度的增加，而是质的维度的提升，即改变科技发展的方向，对于自然之美给予更多的关注。"技术进步的这种新方向将是既定方向的突变，即不仅是流行（科学和技术）合理性的量的渐进，而且更确切地说是流行合理性的突变。"❸ 在资本主义社会，科技合理性将发展到它的顶点，伴随社会结构的进一步变革，科技"进一步的发展将意味着裂变，即量变向质变的转化。……在此条件下，科学谋划本身将对超功利的目的、对远非统治必需品和奢侈品的'生活艺术'开放"❹。

❶　［美］赫伯特·马尔库塞. 工业社会和新左派［M］. 任立，译. 北京：商务印书馆，1982：127.
❷　［美］赫伯特·马尔库塞. 单向度的人［M］. 刘继，译. 上海：上海译文出版社，1989：215.
❸　［美］赫伯特·马尔库塞. 单向度的人［M］. 刘继，译. 上海：上海译文出版社，1989：205.
❹　［美］赫伯特·马尔库塞. 单向度的人［M］. 刘继，译. 上海：上海译文出版社，1989：207.

三、科技发展的分散化转向

生态学马克思主义认为，在实现社会制度变革的基础上，还需要对技术本身进行反思。传统理念所倡导的技术应该朝向规模化、集中化方向发展的观点是值得反思的，这只会加剧技术发展带来的生态负效应，将来的技术应该向小规模、分散化的趋势发展，这样才会对自然更加友好。

阿格尔认为，资本主义大工业促使技术的应用更具规模化，对生态环境的影响也随之持续增大。他在舒马赫"适宜技术"的基础上提出以"小规模技术"替代"大规模技术"。资本主义正在发展的技术规模越来越大，对于自然的破坏也越来越暴力，为了规避技术发展所带来的严重影响，需要从技术发展的层面进行控制和转换，这就需要发展一种相对而言的"小规模技术"，这种技术是介于原始技术与先进技术之间的一种，对于自然环境的影响比较微弱，能源消耗不大，多以能够循环利用的资源为主，并且这种技术并不是只有技术专家才可以掌握，简单的操作性和便捷的机动性更加有利于普通民众进行利用，是一种符合生态规律、亲近自然的技术。当然，阿格尔强调的"小规模技术"并不只是局限于技术层面，这种技术的应用必须以一定的社会关系为基础，"在资本主义条件下，小规模技术意味着不仅要改组资本主义工业生产的技术过程，而且要改组那种社会制度的权力关系"❶。

高兹提出需要发展"软技术"进而替代原有的"硬技术"。他认为"硬技术"对于自然环境具有很强的破坏性，而且许多潜在的破坏性还没有被发现或是公开。"软技术"是一种对于生态环境较为友好的技术，如太阳能、风能等相关能源技术，这些技术通常而言规模较小，对自然的影响也相对较弱，而且更容易被人们所掌握，可以在不同的、广阔的区域使用。"软技术"代表了广大民众的基本利益和诉求，是技术发展民主化、正义化、人性化的合理

---

❶　[加]本·阿格尔. 西方马克思主义概论 [M]. 慎之，等译. 北京：中国人民大学出版社，1991：501.

选择。

奥康纳在《自然的理由》中提出需要发展"好的技术"进而替代原有的"坏的技术"。"反对'坏的技术'与追求'好的（替代）技术'的斗争必须联合起来。"❶ 奥康纳虽然立足于科技中性论的基本立场，认为生态危机的出现并不是由于科技发展本身引起的，关键在于资本主义应用科技的目的和方式。但在此基础上，他还是强调尽量避免发展那些对自然环境破坏较为严重的技术，而要发展那些对自然环境比较友好的"好的技术"。当然，这种技术属性的转变与替代并不会顺利地自然发生，必然会受到社会不同阶级和团体的阻碍。反对"坏的技术"可以采取两种路径：一是增加"知情权"和"节约资源"的运动，二是发展替代技术的运动。总之，技术的替代和转向必须以社会运动为基础，"是因为科技不仅仅是一个技术问题，也是一种社会和政治问题"。❷

资本主义科技发展之所以会造成严重的自然环境破坏，另外一个主要原因就在于科技发展的方向问题。按照传统的观念以及社会需求，科技总是倾向于大规模技术的发展。大规模的技术对自然环境的影响力会更强，再加之资本主义社会化大生产对于大规模技术的滥用，对自然环境的破坏愈加严重。因此，需要重新审视一味地发展大规模技术对自然环境带来的影响，科技仍然有必要向小规模、分散型的趋势发展。这种小规模、分散型的技术对于自然环境的影响会明显降低，破坏性大幅度减弱，对自然环境会更加友好。

整体而言，西方马克思主义中的法兰克福学派和生态学马克思主义就科技发展对自然环境影响的问题进行了丰富的论证，形成了较为系统的理论体系。他们普遍认为科技发展本身并不是引发生态环境问题的根源，科技本身并不是中性的，因为在科技背后关系着科技应用的意识形态导向，也就是科技应用的

---

❶ ［美］詹姆斯·奥康纳. 自然的理由［M］. 唐正东，臧佩洪，译. 南京：南京大学出版社，2003：332.

❷ ［美］詹姆斯·奥康纳. 自然的理由［M］. 唐正东，臧佩洪，译. 南京：南京大学出版社，2003：332.

资本主义制度，以及在此基础上形成的"技术理性""控制自然"的价值观念才是导致生态环境问题的根源，也就是他们阐明了如何应用科技、为何应用科技决定了科技发展是否会对生态环境造成不利影响。他们认为，为了消除资本主义科技发展造成的生态负效应，需要在超越资本主义制度和改变价值观念的基础上，实现科技发展的民主化、分散化转向。

西方马克思主义关于科技发展对自然环境影响的思想对当前我国依靠科技推进生态文明建设具有一定的借鉴意义。一是其思想有利于我们多维度地理解科技，科技不仅具有工具价值，而且还具有人文价值。科技的工具价值代表着科技的基本属性，即科技是人类认识自然、利用自然、改造自然的有力工具，科技是人类作用于自然的中介，科技发展的程度决定了人类对自然认识、利用和改造的程度，离开科技发展的支撑人类也将无法更好地融入自然。但值得深思的是，过度依赖科技的工具价值，资本家迫于竞争的压力虽然在一定程度上促进了科技的发展，但科技发展的目的只是赚取剩余价值，积累财富，压迫无产阶级，最终使科技的发展变成一种破坏自然的力量，忽视了对自然环境的保护。因此，需要加强对科技人文价值的审视。科技的人文价值审视意味着审视科技发展的价值旨向是为了资本家赚取财富服务，还是为了无产阶级更好的生活服务。科技在发展的同时必须将自然环境因素纳入其考虑范畴。

二是其思想有利于我们辩证地看待科技发展的问题。科技发展是大势所趋，也是社会发展的必然选择，科技发展对社会进步所起到的强有力的杠杆作用愈发突出和明显，人类已经离不开科技的力量，更不可能退回到前科技时代，那么，科技是否应该无限度地发展而不受到限制呢？科技发展的方向问题是否需要反思呢？一方面，科技并不应该无限度地发展而不受到限制。从当今科技发展的现实情况来看，科技发展越来越呈现出多学科、大规模的发展趋势，我们要避免陷入"技术理性"新的神话中去，科技发展并不能解决所有的问题，也不是越快越好，而是需要依据人与自然和谐统一的立场进行生态伦理审视。另一方面，科技发展不应该只趋向于大规模技术，小规模技术也有其存在的必要性。大规模的技术对自然环境的影响愈发重要，如果对其应用后果认识不清，或是出现应用失误，对自然环境的破坏将会非常严重。与大规模技术相比而言，小规模技术本身对自然环境的影响较弱，即便出现认识不清、应用失误的后果，也不会对自然环境造成过大的破坏。应该说，适当地发展小规模、分散化技术也是技术发展方向的一个重要选择。无论是大规模技术，还是小规模技术，都有其存在的必要性，我们要尽量规避生态破坏型技术的发展，转向生态友好型技术的发展。

三是其思想有利于我们基于历史唯物主义的立场，从社会制度层面分析科技发展对自然环境的影响。科技被谁所有、为谁服务是至关重要的，这与社会制度紧密相关。在资本主义社会，无论是政治上利用科技维护统治阶级的意识形态，还是经济上利用科技赚取利润，科技都是被资产阶级占有，为资产阶级服务的，因此才会产生严重的自然环境问题。只有实现对资本主义制度的超越，科技才是被无产阶级共同占有，为全体人类谋福利的。因此，需要我们充分发挥中国特色社会主义制度的优越性，规避资本主义经济发展无限性与自然资源有限性的内在矛盾，保障科技的合理应用，造福于人民。

与此同时，西方马克思主义关于科技发展对自然环境影响的思想也存在一定的局限性。第一，法兰克福学派虽然提出科技受到意识形态的控制而导致对自然环境的破坏，但是它在一定程度上过度地把科技等同于意识形态。按照马克思主义的基本理论，科技是一种潜在的生产力，是一种劳动实践，是一种研究活动，意识形态作为一种上层建筑的组成部分，两者在本质上是有根本不同的，是不能完全等同的。随着资本主义社会化生产的日益发达，科技逐渐成为资产阶级实现特定政治意图的工具，通过对自然的控制以达到对广大无产阶级的控制。因此，科技与意识形态的关系日益密切，法兰克福学派的论述具有很大的价值和启示。但是，科技归根结底是反映自然规律、利用自然的知识形态和工具手段，与意识形态还是有本质上的区别。所以，我们既要看到二者之间的紧密联系，也要明确辨析二者之间的本质区别。

第二，虽然西方马克思主义对科技的资本主义应用造成自然环境破坏的负面效应进行了深刻的批判，但是整体上缺乏一种历史的站位和辩证的思维。在资本主义社会，科技发展对自然环境的破坏具有一定的必然性。虽然科技的发展对自然环境问题的产生具有很大的影响，但是它为人类社会物质生产的提升起到了重要的推动作用。一方面，人类对于自然的占有离不开科技的力量，因为"只有资本才创造出资产阶级社会，并创造出社会成员对自然界和社会联系本身的普遍占有。由此产生了资本的伟大的文明作用；它创造了这样一个社会阶段，与这个社会阶段相比，一切以前的社会阶段都只表现为人类的地方性发展和对自然的崇拜。只有在资本主义制度下自然界才真正是人的对象，真正是有用物"❶。另一方面，人类价值的实现需要依靠科技的力量，正如马克思在《1844 年经济学哲学手稿》中强调的"工业的历史和工业的已经产生的对象性的存在，是一本打开了的关于人的本质力量的书"❷。人的本质力量是以科技为基础，在社会生产实践中得到真正实现的。所以，资本主义科技发展对于自然环境的影响具有正反两方面的双重效益，西方马克思主义关于科技发展对自然环境破坏的揭示和批判具有重要的现实意义和理论借鉴，但是科技发展对自然环境的正面效益也应该得到应有的地位和合理的评价。

第三，西方马克思主义过分强调小规模技术的发展方向有违科技发展规律。就当今科技发展的趋势而言，科技发展越来越倾向于大规模的技术体系，许多先进的大型绿色技术都得以普遍应用，成为解决生态环境问题的重要手段。技术发展的大规模化应该说代表了人类社会未来科技的发展方向，具有一定的历史必然性。生态学马克思主义突出强调发展小规模技术虽然具有很强的现实启示意义，但是难免具有一定的浪漫主义色彩。我们应该辩证地看待技术，无论是大规模技术，还是小规模技术，都有自身独特的价值优势，问题的关键不在于技术发展本身，而是在于人类如何更加科学地认识和利用技术，以及不同的社会制度如何充分发挥技术的作用和特点。技术规模的大小只能说决定了适用场域、适用条件的不同，根本上而言还是在于不同社会制度下、不同认识观念下对于技术正确的利用。

---

❶ 马克思，恩格斯. 马克思恩格斯文集（第八卷）［M］. 北京：人民出版社，2009：90.
❷ 马克思，恩格斯. 马克思恩格斯文集（第一卷）［M］. 北京：人民出版社，2009：192.

　　随着中国特色社会主义进入新时代，我国科技发展的浪潮势不可当，与此同时，生态环境的问题也引发人们的广泛关注和思考。西方马克思主义关于这个问题的深刻见解和剖析，对我们更加深入地研究生态文明建设起到了一定的启示作用，我们可以借鉴其合理的部分，以应对科技创新促进生态文明建设实践中存在的一些问题和挑战。

第五章

马克思恩格斯关于科技发展
对自然环境影响思想在中国的发展

马克思恩格斯关于科技发展对自然环境影响的思想随着中国特色社会主义实践得到了极大的继承与发展。新中国成立伊始，我国的自然科学基础还较为薄弱，生产技术还较为落后，发展科学技术以实现对自然的开发利用是这一时期的主要任务。改革开放之后，市场经济的实行一方面促进了科技发展呈现良好的态势，另一方面也加速了对于自然的开发利用，这在一定程度上造成了生态环境的破坏，如何充分利用科技的力量缓解经济发展带来的生态环境破坏的压力，成为这一时期需要重点解决的问题。立足于我国的现实国情，中国共产党历代中央领导集体长期重视科技发展对自然环境影响的问题，提出科技发展有利于摆脱对自然的迷信、提高对自然的应用、加强环境污染的治理等基本内容。特别是党的十八大以来，习近平总书记围绕科技发展对自然环境影响的主题发表了许多重要论述，包括科技发展立足于解决生态环境问题，着眼于推动人类社会绿色发展，趋向于生态化等基本内容。中国共产党历代中央领导集体的相关思想和重要论述，既体现了对马克思恩格斯思想的继承性，又体现了一定的丰富性和发展性。

第一节　党的十八大以前中国共产党关于科技发展对自然环境影响的思想

中国共产党作为科技推进生态文明建设的领导力量，自觉运用马克思恩格斯关于科技发展对自然环境影响的思想分析、解决中国现实存在的问题，同时也实现了对马克思恩格斯相关思想的丰富和发展。具体而言，党的十八大以前中国共产党关于科技发展对自然环境影响的思想大致可归纳为科技发展有利于摆脱对自然的迷信、提高对自然的应用、加强环境污染的治理三个方面。

一、科技发展有利于摆脱对自然的迷信

自然是一个复杂的有机系统，人类作为自然的一份子，对于自然的认识永远都无法达到穷尽，这就需要人类不断探索自然的奥秘，认识自然的内在规律，才能帮助人类摆脱对自然的迷信，更加科学、理性地看待自然。新中国成立之初，由于自然科学的落后以及科学文化知识的普及刚刚开始，人们头脑中残存的封建迷信思想还没有完全去除，许多人痴迷于占星卜卦、看风水等活动，顺从"信天命而敬鬼神"的观念，面对自然中的奇异现象多以不切实际的幻想和行为当作自我安慰的方式。马克思就曾指出："弱者总是靠相信奇迹求得解放，以为只要他能在自己的想象中驱除敌人就算打败了敌人。"❶ 随着我国自然科学取得了长足的进步，加之党和政府积极推动的科学文化宣传，人们迷信自然的现象得以大大改善，人们逐渐摆脱了自然的束缚，实现了在自然面前的自由。

毛泽东认为，在科技落后的情况下，人们不能准确地认识自然，对自然充满了迷信，无法识别自然的真实面目，特别需要加快自然科学的发展，帮助人们摆脱自然的束缚，实现自由。在谈及陕甘宁边区的文化教育问题时，毛泽东指出科学的落后导致边区的老百姓普遍都缺少科学知识，这使得大家总是要采取迷信的方式才能寻求内心的一点安稳，只有科学得到了发展和普及，老百姓才能摆脱对自然的迷信。在谈及人的认识问题的时候，毛泽东认为世界万物总是处于不断发展演变之中，科学的发展永无止境，人类的认识同样需要不断发展，我们对地球上气候的变化也不清楚，这也要研究。相反，如果由于科学的落后，人类不能准确地认识自然，把握自然规律，"就会碰钉子，自然界就会

---

❶ 马克思，恩格斯. 马克思恩格斯文集（第二卷）［M］. 北京：人民出版社，2009：475.

处罚我们，会抵抗"❶。为了改变这种状况，毛泽东多次强调，人类在自然面前实现的自由，建立在对自然客观规律性准确把握的基础上，只有充分认识到自然的必然性，才有人类的自由活动，否则，人类的行动总是盲目而不自觉的。为此，要高度重视自然科学的发展，人类只有依靠自然科学了解自然、改造自然，才能从自然那里得到想要的自由，"自然科学是人们争取自由的一种武装"❷。只有通过科学不断发现自然的"秘密"，人类才能逐渐从自然的压迫之下解放出来。而且人类对于自然的认识永远不会终结，因为"认识的盲目性和自由，总会是不断地交替和扩大其领域，永远是错误和正确并存"❸。

　　邓小平提出，我们要建设的社会主义国家，不但要有高度的物质文明，而且要有高度的精神文明。在精神文明的建设过程中，一是要加强科学文化宣传来改造人们思想的主观世界，改变以往迷信、愚昧的精神状态。早在 1941 年，邓小平在部队谈及文化工作时就强调，我们所主张新民主主义的文化，是"科学的，即反对武断、迷信、愚昧、无知，拥护科学真理，把真理当作自己实践的指南，提倡真能把握真理的科学与科学的思想，养成科学的生活与科学的工作方法的文化"❹。我们要"提倡科学，宣扬真理，反对愚昧无知、迷信落后，加强马列主义的宣传"❺。二是要加强领导干部和人民群众对于自然科学的了解。邓小平认为，"从整个来说，阶级斗争这门科学，我们党、我们的干部是学会了。但在改造自然方面，这门科学对我们党来说，对我们干部来说，或者是不懂，或者是懂得太少了。当然我们也还有一些人才，但这些人才是很少的，很不够用的，我国的科学技术水平还是很低的。从过去几年的建设来看，证明我们的知识很少"❻。

　　江泽民在《全面贯彻"三个代表"要求，大力推进科学技术创新》中提

❶　毛泽东. 毛泽东文集（第八卷）[M]. 北京：人民出版社，1999：72.
❷　毛泽东. 毛泽东文集（第二卷）[M]. 北京：人民出版社，1993：269.
❸　毛泽东. 毛泽东文集（第八卷）[M]. 北京：人民出版社，1999：326.
❹　邓小平. 邓小平文选（第一卷）[M]. 北京：人民出版社，1994：24.
❺　邓小平. 邓小平文选（第一卷）[M]. 北京：人民出版社，1994：25.
❻　邓小平. 邓小平文选（第一卷）[M]. 北京：人民出版社，1994：262.

出，自然科学的落后是人们形成迷信思想观念的关键因素，人们由于缺乏对于自然知识的准确理解而长期处于愚昧的状态，必须大力发展先进的科技，因为，"科学技术是战胜愚昧落后的强大力量，是反对迷信和邪教的锐利武器"❶。我国还有许多群众信奉宗教，这其中的原因纷繁复杂，但与科技的发展不发达必然有密切的关联，因为"科学技术还不发达，人们的思想道德素质和科学文化素质也还不高"❷，这种情况在今后也并不会立刻得到根本性的解决。为此，江泽民提出要大力发展科技文化事业，广泛普及和宣传科技知识，让更多的普通群众受到教育，"用科学战胜封建迷信和愚昧落后"❸。

胡锦涛在社会主义荣辱观中明确提出了以崇尚科学为荣，以愚昧无知为耻的理论思想。在全国抗震救灾总结表彰大会上，胡锦涛在讲话中特别强调，只有持之以恒地探寻自然规律，严格地按照自然规律办事，才能有所发现和创造，这是一个永不停息的过程，自然本身规律性的现象只有在科技不断提升的条件下才能更加准确地被人类所认识，我们要"锲而不舍地探索和认识自然规律，坚持按自然规律办事，不断增强促进人与自然相和谐的能力，就一定能够不断有所发现、有所发明、有所创造、有所前进，就一定能够做到让人类更好地适应自然、让自然更好地造福人类"❹。因此，只有崇尚科学，才能帮助人们摆脱对自然的迷信，真正实现思想上的解放。历史上，科学与迷信经历了漫长的斗争过程，双方的力量此消彼长，每当科学前进一步，迷信就会退后一步。但是二者之间的斗争并不会完全停止或是消失，许多迷信又换了新的形式继续存在，这就需要继续大力发展科学、传播科学、运用科学。

自然科学的发展决定了人类对于自然认识的多寡，也决定了人类如何认识自然、人与自然处于何种关系。当自然科学还没有充分发展之时，人类对于自然的认识极为有限，许多深奥的自然现象都无法被认知和理解，人类深陷于对

---

❶　中共中央文献研究室. 江泽民论有中国特色社会主义（专题摘编）[M]. 北京：中央文献出版社，2002：273.

❷　江泽民. 江泽民文选（第三卷）[M]. 北京：人民出版社，2006：379.

❸　江泽民. 论科学技术 [M]. 北京：中央文献出版社，2001：61.

❹　胡锦涛. 在全国抗震救灾总结表彰大会上的讲话 [M]. 北京：人民出版社，2008：26.

自然的迷信之中。只有自然科学不断发展，人类才能更好地掌握自然规律，形成科学的、正确的自然观，以此为基础，实现人类在自然面前的自由。自由虽然是一种主观体验和感受，但这种主观体验和感受并不是在主观观念中实现的，也不是罔顾自然规律的随心所欲，而是建立在对自然规律的认知和遵循的基础上，以客观存在为前提的。

二、科技发展有利于提高对自然的应用

技术作为人类利用自然的工具，技术的发展水平决定了人类利用自然的程度。只有依靠先进的技术，才能更好地完成对自然的利用，把自然资源转化为现实生产力。新中国成立之初，我国工业发展之所以较为缓慢，其中一个关键的因素就是科技水平的落后。当时，全国的科研机构也只有 40 多家，专门从事科学研究工作的人员不足千人。❶ 科研力量的薄弱导致工业中的基本技术问题无法独立解决。因此，党中央在《关于目前科学院工作的基本情况和今后工作任务给中央的报告》的批示中提出，建设成为生产高度发达的社会主义国家，一定要有自然科学的发展。大批工厂的投产，旧有企业的技术改造，生产建设中越来越多地采用现代科学技术，但这方面的矛盾还很突出，落后的生产技术不仅制约了生产力的进一步提高，同样在开发自然的过程中造成了对自然资源的严重浪费。以钢铁行业为例，由于技术落后，设备简陋，各地区生产的钢铁合格率非常低，多数成为废品。

针对新中国成立时的特殊国情，毛泽东提出了"不搞科学技术，生产力无法提高"的重要论断。在同秘鲁议员团谈话时，毛泽东认为我国工业建设中普遍存在炼铁、炼钢质量不高的问题，这取决于科技的发展水平，我们在改造自然、利用自然方面，还有很长的路要走。人类自身的能力是有限的，但是人类可以借助于工具的使用，提升自己改造自然、利用自然的能力。"工具是

---

❶　江泽民. 推动科技进步是全党全民的历史性任务［J］. 科技进步与对策，1990（1）.

人的器官的延长，如镢头是手臂的延长，望远镜是眼睛的延长，身体五官都可以延长。"❶ 毛泽东深谙马克思主义的方法论内涵，始终以辩证发展的眼光看待科技，看待人通过科技的力量作用于自然的实践。"在生产斗争和科学实验范围内，人类总是不断发展的，自然界也总是不断发展的，永远不会停止在一个水平上。因此，人类总得不断地总结经验，有所发现，有所发明，有所创造，有所前进"❷，那些停止的观点都不正确，因为自然界和人类社会发展的历史就是这样的。

邓小平在继承马克思"科学技术是生产力"的观点上，提出了"科学技术是第一生产力"的重要论断。在全国科学大会开幕式上的讲话中，邓小平非常关注科技的发展态势，指出现代科技取得了显著的进步，不局限于个别的科学理论和生产技术，"而是几乎各门科学技术领域都发生了深刻的变化，出现了新的飞跃，产生了并且正在继续产生一系列新兴科学技术"❸。持续进步的新兴科技，在社会生产中的地位越来越高，已经极大地提高了劳动生产率，在同样的劳动时间里，产品的数量得到了大量的增加，这些基本要归功于技术的力量。"四个现代化，关键是科学技术的现代化。没有现代科学技术，就不可能建设现代农业、现代工业、现代国防。没有科学技术的高速度发展，也就不可能有国民经济的高速度发展。"❹ 由上述内容可知，邓小平非常关注科技的最新发展动态，重视科技在人与自然关系中的重要作用，人类社会的现代化发展需要以科技的现代化发展作为重要的支撑条件，科技的现代化是先进生产力的重要保障。科技作为人类认识自然、利用自然的中介和工具，决定了人类能够与自然发生关系的空间广度与作用深度，科技的重要作用也就显得愈发突出。

进入世纪之交，我国科技已经取得了迅猛的发展和重大的突破，开拓了人类认识自然的视域，提高了人类利用自然的能力。江泽民在新西伯利亚科学城

---

❶　毛泽东. 毛泽东文集（第八卷）[M]. 北京：人民出版社，1999：390.
❷　毛泽东. 毛泽东文集（第八卷）[M]. 北京：人民出版社，1999：325.
❸　邓小平. 邓小平文选（第二卷）[M]. 北京：人民出版社，1994：87.
❹　邓小平. 邓小平文选（第二卷）[M]. 北京：人民出版社，1994：87.

会见科技界人士时的讲话中指出，人类关于自然的认识每前进一步，都离不开科技的发展，"发展科学研究，推动技术进步，就是要加深对客观世界的认识，就是要科学地利用、改造和保护自然，为人类的生产和生活创造更加良好的条件"❶。社会主义制度为科技的发展提供了强有力的保障，科技的进步很大程度上提高了劳动工具的效用，提高了社会劳动生产率，帮助人们向生产的深度和广度进军。同时，江泽民强调如要实现生产力的跨越式发展，必须实现产业技术结构升级，依靠先进的技术对传统的工业进行改造。传统的工业经济也是资源型经济，高物耗、高能耗、高污染特别严重，我国的新型工业化道路需要"走出一条科技含量高、经济效益好、资源消耗低、环境污染少、人力资源优势得到充分发挥的新型工业化路子"❷。

以上诸多重要论述表明，技术是人类利用自然的重要工具，人类物质条件的满足离不开充分利用自然资源服务人类合理的需求。科技发展之所以会引发生态环境问题，其原因并不在于人类利用科技开发利用自然，而在于这种开发利用是否适度。当科技发展较为落后、人类基本的物质条件还无法得到保障的时候，科技的发展就体现出十分的必要性。显而易见，人类社会的发展离不开先进的科技作为支撑，人类社会不可能再次退回到前科技时代，科技发展的水平决定了人类利用自然的能力大小，人与自然之间的和谐关系并不是要回到原始社会的"被动和谐"，而是要通过科技的力量在利用自然的同时保护自然，协调利用自然与保护自然之间的关系，是一种利用之上的保护，也就是说更好地利用自然是基础，是人类生存的根本保障。

三、科技发展有利于加强环境污染的治理

伴随中国特色社会主义现代化的持续推进，科技发展在促进生产力实现快速飞跃的同时，也使自然环境不可避免地遭受了破坏。虽然科技发展是造成自

---

❶　江泽民. 论科学技术［M］. 北京：中央文献出版社，2001：117.

❷　江泽民. 江泽民文选（第三卷）［M］. 北京：人民出版社，2006：545.

然环境破坏的潜在原因，但也是解决自然环境问题的工具和方法。邓小平尤为关注我国的农业问题，特别是针对农业生产中存在的环境污染问题，提出要依靠科技保障农业的可持续发展。我国作为传统的农业大国，改革开放以来，在农业生产方面取得了不错的成绩，这为农产品的供给提供了强大的保障，但与此同时，农业污染问题也逐渐显露。化肥、农药等制剂的过度使用，禽畜粪便等废弃物没有合适的处理技术，对土壤的性能造成了不良的影响，制约着我国农业现代化的发展。针对这个问题，邓小平多次进行强调，我们要高度重视科学技术在农业生产中的重要作用和价值，要增加相关方面的科研资金保障，因为"解决农村能源，保护生态环境等等，都要靠科学"[1]。应该说，实现农业的可持续发展，离开先进科技的力量是不可能完成的。

　　江泽民同样非常重视自然环境问题，强调经济建设与自然环境保护要协同发展，我国的现代化要走一条可持续发展的道路，不能够以牺牲自然环境为代价发展经济。西方资本主义的工业化走的就是一条浪费资源、严重污染环境的道路，这是非常不可取的。"环境保护很重要，是关系中国长远发展的全局性战略问题。在社会主义现代化建设中，必须把贯彻实施可持续发展战略始终作为一件大事来抓。"[2] 面对环境污染的问题，江泽民在国际工程科技大会上的讲话中特别指出，进入新的世纪，人类不仅要继续实现科技的快速发展，更要对科技提出更高的要求，面对大气和水体污染、土地荒漠化等生态环境问题，"需要更多的有创新精神的工程科技人才……需要通过加强工程科技的国际合作来促进解决"[3]。新的环境问题总会出现，如何有效治理环境污染更是需要长久不懈的探索，因为人类对于自然的认识总处于不断扩展和深化的过程之中，只有进行时，而不会有完成时。"人们认识自然规律，并不总是即时即刻就能全面把握它的。规律性的东西往往要通过现象的不断往复才能更明确地被人们认知。过去没有认识的东西，今天可以被认识，今天没有认识的东西，将

❶　中共中央文献研究室. 邓小平思想年编：1975—1997 [M]. 北京：中央文献出版社，2011：449.

❷　江泽民. 江泽民文选（第一卷）[M]. 北京：人民出版社，2006：532.

❸　江泽民. 论科学技术 [M]. 北京：中央文献出版社，2001：227.

来可以被认识。"❶

　　胡锦涛认为，人类社会要实现科学发展，加强生态文明建设是重要的一环，为此，需要把建设环境友好型和资源节约型社会作为重要目标。在党的十七大报告中，胡锦涛提出要发展"节约、替代、循环利用和治理污染的先进适用技术"❷，才能更好地发展可再生能源，保护自然环境。之后，胡锦涛多次在中国科学院、中国工程院大会上提出，要大力发展生态治理、修复技术，"着力解决环境污染、垃圾处理等突出问题"❸，要着重研发生态环境保护技术、节能减排以及循环利用等关键技术，提高人类在生态环境监测、气候变化应对和污染修复等方面的能力。

　　随着中国特色社会主义现代化的持续推进，科技发展虽然助力经济的高速增长，却也导致了自然环境的严重污染。可以说，环境污染问题是同经济高速增长同步而生的。传统科技由于发展较为滞后，对自然资源的利用往往较为低效，这不仅会消耗大量自然资源，同时会造成高污染现象的出现。改善环境污染，科技是最直接有效的工具和手段，先进的技术不仅可以从污染源头上减少污染物的排放，实现清洁生产，同时可以从污染治理上高效解决环境污染问题。虽然在一定程度上自然界具有自我恢复和调整的能力，但往往需要经历漫长的时间，科技的重要作用就体现在遵循自然规律的条件下，模拟自然发生的条件，通过物理或者化学的方法将有害物质进行去除和分离。

第二节　党的十八大以来中国共产党
关于科技发展对自然环境影响的重要论述

　　任何思想理论成果都是对时代问题的解答。习近平总书记关于科技发展对

❶　江泽民. 江泽民文选（第二卷）［M］. 北京：人民出版社，2006：233.

❷　胡锦涛. 胡锦涛文选（第二卷）［M］. 北京：人民出版社，2016：631.

❸　胡锦涛. 在中国科学院第十六次院士大会、中国工程院第十一次院士大会上的讲话［M］. 北京：人民出版社，2012：8.

自然环境影响的重要论述也是针对当前我国科技发展在自然环境中存在的突出问题而不断思考生成的。党的十八大以来，随着我国经济发展进入新常态，生态文明建设在国家发展战略中的作用方面愈加明显，在科技发展如何规避和解决自然环境问题，更加有力地推进生态文明建设，仍然存在许多问题。概而言之：一是科技发展与自然环境之间的矛盾愈演愈烈。科技的发展既是人类文明的标志，也推动了人类文明的进步，但面对生态危机的日益加重，科技难辞其咎。先进的生产技术创造了物质财富，却也污染了空气、湖泊，化肥提高了土地产量，却也破坏了土壤的结构。为此，科技发展如何才能减少对自然环境的破坏，实现保护自然环境与发展经济协同并进，亟待我们深思与解决。二是世界新一轮科技革命带来的问题与挑战。随着新一轮科技革命浪潮的兴起，科技发展愈发多元化，特别是绿色科技越来越受到各国的重视，以美国、德国、英国、法国为代表的欧美国家加大对绿色科技的投入力度，制定了长期的规划和制度保障，在高效电池、太阳能、绿色建筑等方面占据了制高点，这就需要我国加快科技发展的生态化转向。三是生态文明建设新阶段对科技发展提出新要求。党的十九大报告把建设生态文明作为中华民族永续发展的千年大计，同时，中国是唯一把生态文明建设上升为国家发展战略的国家，这充分肯定了生态文明建设的重要地位和作用。相比于生态文明建设顶层设计的日益明晰和体制机制的日益完善，科技在生态文明建设中的作用还不太明显，不能满足生态文明建设快速发展的新要求。面对现实存在的问题和挑战，习近平总书记认为科技发展要立足于解决生态环境问题，着眼于推动人类社会绿色发展，趋向于生态化转向。

一、科技发展立足于解决生态环境问题

科技发展在促进经济快速发展的同时，也产生了严重的生态环境问题。习近平总书记认为，要加快与生态环境领域相关的科技发展，重点解决自然资源紧缺、环境污染、生物安全风险防控等关键问题。

（一）科技发展解决自然资源紧缺问题

当前，我国生态文明建设取得显著成效，自然资源消耗大幅下降，但我们也要清醒地认识到，我国自然资源紧缺的问题依然严峻。一方面，我国广阔的地域、多样的气候和丰富的地表形态造就了丰富的自然资源，许多资源储量位居世界前列，但由于人口基数过大，导致人均自然资源占有量非常低，甚至与世界的人均水平相比还存在较大的差距。另一方面，我国自然资源空间分布不均衡，自然资源空间供给与生产力空间需求不匹配，再加之经济快速发展对自然资源的过度消耗，自然资源紧缺的现状严重制约着我国经济的可持续发展。面对现实困境，习近平总书记认为解决这个问题离不开科技的助力。他高瞻远瞩地指出，囿于科技水平的差距，长期以来我国的经济发展主要依靠资源要素的过量消耗，现如今，资源要素已经日益趋紧，原有的自然条件已经不再具备，只有借助科技的力量寻求新的发展模式。煤作为我国主要利用能源，虽然储备丰富，但利用率普遍不高，需要加大科技的研发力度。黄河水资源的利用仍然较为粗放，导致水资源保障形势严峻，要大力发展节水产业和技术，推动用水方式由粗放向节约集约转变。❶ 为此，需要加快推进资源节约方面的科技创新，设立国家科技重大专项，重点在高效、节能、低碳等关键技术领域取得突破，开发利用新型能源，整体上提升资源节约的技术水平。

（二）科技发展解决环境污染问题

习近平总书记强调我国生态文明建设需要重点解决大气、水、土壤污染防治的问题，这些问题的解决要依靠科技的力量，"从生态环境看，大气、水、土壤等污染严重，雾霾频频光临，生态环境急需修复治理，但环保技术产品和

---

❶ 习近平. 在黄河流域生态保护和高质量发展座谈会上的讲话［N］. 人民日报，2019－10－16.

服务很不到位"❶。

在科技发展解决大气污染方面，习近平总书记认为，我国的大气污染主要是由于在传统的技术条件下，以煤为主的能源大量消耗造成的。北方地区燃煤的供暖方式，产生了大量的污染物排放，是北方地区雾霾现象严重的主要因素，要实现供暖方式的转换，以清洁供暖取代燃煤供暖。❷为此，要推进煤炭清洁利用，加快研制煤炭洁净燃烧技术，增加煤制天然气、煤层气的使用。要夯实大气污染形成机理及其演变的科学研究基础，加强对大气污染净化技术和监测技术的研发，以先进技术助力大气污染防治。党的十八大以来，我国大气污染治理方面的技术专利已逐年大幅上升，大气污染防治设备产量保持居高态势。

在科技发展解决水污染方面，当今世界，关于污水治理、水生态修复方面的技术已经成熟，要加快对相关技术的研究与推广应用，把技术的效能作用最大化。目前，我国加强海洋生态建设，海洋科技这个短板还比较明显，需要依靠科技进步，破解海洋科技中存在的难题。为此，要深化水污染机理分析，强化行业废水处理、生活污水高标准处理等重点技术研究，全面提升水污染治理科学化水平。如今，我国水污染在产业化科技成果的支撑下已经有所改善。水污染防治专项科技成果丰硕，涵盖了行业水污染控制、城镇水污染控制、水生态修复、地下水污染防控以及流域水质目标管理及监控预警诸多方面。

在科技发展解决土壤污染方面，习近平总书记认为，土壤污染的防治需要依靠科技的力量加以解决。在谈及农业中的土壤污染防治问题时，习近平总书记认为现代农业中存在严重环境污染、土壤肥力衰退等现象，这些问题的解决，"不依靠科技进步，将不可能得到根本解决"。在谈及畜牧业的土壤污染防治问题时，习近平总书记认为养殖畜禽产生的大量废弃物造成了严重的土壤

---

❶　中共中央文献研究室编. 关于社会主义生态文明建设论述摘编［M］. 北京：中央文献出版社，2017：25.

❷　中共中央文献研究室编. 关于社会主义生态文明建设论述摘编［M］. 北京：中央文献出版社，2017：92.

污染，关系着土壤地力的问题，要加快实现废弃物的再利用。为此，要深入研究推广土壤污染修复技术、绿色施肥技术，改善土壤"亚健康"状态。

（三）科技发展解决生物安全风险防控问题

新冠疫情，让全国乃至全世界人民都充分认识到防范生物安全风险的重要性，"生物安全问题已经成为全世界、全人类面临的重大生存和发展威胁之一❶。因此，我们有必要统筹推进"美丽中国"建设和"健康中国"建设。❷可以说，我国作为最大的发展中国家，生物安全的形势仍然严峻。由于城市化的快速发展造成人口分布的极度不平衡，经济的快速发展造成环境污染不断积累，大型传染病发生风险较高。针对如何有效解决我国生物安全风险防控的问题，习近平总书记非常重视生物安全领域的重大科技成果，把其称为国之重器。因为科技是人类最重要的工具，只有依靠科技进步才能战胜各种疾病。只有依靠科技的力量才能做到科学防控、高效防控，科技是人类战胜各种疫情的重要工具。AI 诊断技术能够快速分析病毒基因以及药物研发的关键数据。应该说，不论是亲近自然的绿色技术，还是其他领域的先进科技，只要能够得到合理的利用，都可以为生态文明建设服务，而且是必不可少的关键力量。

习近平总书记作出的以上相关重要论述，立足于我国实际国情，找准了科技创新推进生态文明建设的立足点，解决了为什么依靠科技创新推进生态文明建设的问题，体现了底线思维方法。正如任何思想理论成果都是对时代问题的解答，国情的现实挑战对科技在生态文明建设中发挥的重要作用提出了更高要求。习近平总书记关于科技推进生态文明建设的重要论述正是从我国的实际国情出发，针对当前存在的突出问题不断思考生成的。

---

❶ 习近平. 全面提高依法防控依法治理能力 健全国家公共卫生应急管理体系 [J]. 求是，2020（05）.

❷ 张云飞. 统筹推进"美丽中国"建设和"健康中国"建设——基于防控新型冠状病毒感染肺炎疫情阻击战的思考 [J]. 福建师范大学学报（哲学社会科版），2020（02）.

二、科技发展着眼于推动人类社会绿色发展

生态文明建设的本质要求就是要实现绿色发展，而绿色发展需要绿色技术创新来推动。习近平总书记认为，科技不能只是人类利用自然的工具，一味地索取自然，而是应该对科技提出更高的要求，依靠科技的进步来实现自然资源和经济发展之间关系的动态平衡。在谈及欠发达地区如何发展的问题时，习近平总书记认为，欠发达地区需要走科技先导型发展之路，只有这样才能破解发展经济与保护环境之间的矛盾，以较低的环境成本实现经济的较快发展。在谈及长江经济带生态优先、绿色发展时，习近平总书记高度肯定了长江沿岸的一家化工企业，在生产中采用了先进的污染处理装备，破解了长期以来污水排放的问题，也完成了企业的升级发展。

依靠科技实现绿色发展，关键在于实现经济增长方式转型。习近平总书记在考察江西金力永磁科技股份有限公司时强调，要加大科技创新工作力度，不断提高开发利用的技术水平，延伸产业链，提高附加值，加强项目环境保护，实现绿色发展、可持续发展。先进的技术是经济增长方式转型的先决条件，我国经济高质量发展需要采用"政府主导＋市场化运作"的合作创新模式，保障先进技术的有效供给，提高产业技术水平，增加技术在经济增长中的贡献度，促进技术高效地转化为现实生产力。

我国作为农业大国，现有的农业技术体系以及农民对农业科技成果的不适当使用，造成了对自然生态的破坏。化肥、农药的过量使用，畜禽粪便的不规范排放，造成了对土壤养分构成的改变，这些问题很大程度上制约了我国农业的长远发展。习近平总书记一直重视依靠科技建设现代可持续农业的问题。早在宁德工作期间，习近平就提出"科技兴农"的理念，提出只有科技进步才能形成高产低耗的农业生产体系。此后，谈及现代农业的可持续发展特质，习近平在吉林调研农业科技研发利用情况时提出，农业的可持续发展关键要依托于科技的支撑，只有用先进的科技才能保护好黑土地这片沃土。可以说，从

科技兴农政策的落实，再到现代农业的可持续发展，习近平总书记把科技在建设现代可持续农业中承担重要作用的认识提升到了新高度。

习近平总书记以上相关重要论述，体现了科技发展要着眼于推动人类社会的绿色发展，正确处理了"绿水青山"与"金山银山"的辩证关系，抓住了科技创新推进生态文明建设的关键点，体现了辩证思维方法。实现生态文明建设，决定了人类社会要依靠科技选择一种可持续发展，即绿色发展之路，其中的关键就在于如何处理好"绿水青山"与"金山银山"这对矛盾。生态文明建设要充分发挥科技的重要作用以实现"绿水青山"就是"金山银山"。

三、科技发展趋向于生态化

鉴于以往科技发展对自然环境的严重破坏，习近平总书记认为，科技发展需要更多地关注对生态环境产生的影响，大力发展绿色科技，实现科技发展的生态化转向。绿色科技作为生态文明建设主要的物质条件，必将成为今后发展的主要趋势。资本主义国家提出的"再工业化"路线，就是凭借高新技术推动高端产业的发展，降低资源要素的投入，减少对自然环境的破坏。通常意义上，绿色科技是指能够降低能源消耗、减少污染物排放、保护和改善生态环境、促进人类社会可持续发展的现代科学与技术体系。既然绿色科技是生态文明建设的重要手段，那么该如何促进绿色科技的发展，实现科技发展的生态化转向呢？针对这个问题，习近平总书记认为，发展绿色科技需要加强绿色科技合作和绿色科技创新。

（一）绿色科技合作

在谈及加强和巴西科技合作时，习近平高度肯定巴西同中国在科技合作领域取得的丰硕成果，双方的科技合作更是涉及资源卫星、深海石油勘探、生态技术等前沿领域。❶ 随着全球性生态环境问题的凸显，世界各国开始加强科技合作。我国长期保持同欧盟国家的科技合作关系，涉及新能源、大气质量检测、污染治理、气候变化等多个领域，同时也为欧亚等发展中国家提供技术支撑。自共建"一带一路"倡议提出以来，我国同沿线各国的绿色科技合作更加紧密，更加有利于充分利用国际市场的规模优势，搭建国际化的绿色技术创新平台，推动绿色工业的升级发展，吸引全球顶尖人才的广泛交流，形成了更高层次、更广领域的国际绿色科技合作。

（二）绿色科技创新

长期以来，我国一直高度重视通过科技创新来减少资源用量，厉行节约，但是，由于我国绿色科技的发展具有相对的滞后性，因此存在绿色科技创新能力有限、创新基础条件薄弱、创新成果转化率不高、缺少前沿性创新等问题。鉴于此，习近平总书记强调，面对生态文明建设中的困境要加强绿色科技创新，让绿色科技创新为生态文明建设提供持续动力。习近平总书记指出，建设生态文明、实现美丽中国离不开科技创新，抓住了科技创新就抓住了牛鼻子。当前，与西方发达国家相比，我国绿色科技创新还存在一定差距，绿色科技产品多以对外引进为主，自主创新能力不足。那么，如何才能更好地发挥绿色科技创新的内在动力呢？针对这个问题，习近平总书记提出要"构建市场导向的绿色技术创新体系"。❷ 这为我们如何构建绿色技术创新体系提供了科学指引。市场是绿色技术创新的风向标，市场的需求决定了绿色技术研发和应用的走向，更加合理地调整资源配置，最大限度地保障绿色产品的供给。为此，要加强政府出台政策引导，强化企业绿色技术创新主体地位，发展绿色金融提供投融资保障，建立和规范绿色技术交易市场，促进绿色技术创新成果转化。我国绿色科研机构数量逐年增加，绿色科研项目有效推进，水体污染治理被列入

---

❶ 习近平. 弘扬传统友好 共谱合作新篇——在巴西国会的演讲 [M]. 北京：人民出版社，2014：4.
❷ 习近平. 决胜全面建成小康社会 夺取新时代中国特色社会主义伟大胜利——在中国共产党第十九次全国代表大会上的报告 [M]. 北京：人民出版社，2017：51.

国家科技重大专项，绿色技术相关发明专利年增长率保持在15%左右，绿色技术加速产业化，高效推进国家生态工业示范园区发展。

习近平总书记以上相关重要论述，提出通过科技创新和科技合作的方式实现科技发展的生态化转向，构建了科技创新推进生态文明建设的着力点，解决了科技创新推进生态文明建设的实践路径问题，体现了创新思维方法。习近平总书记高度重视科技创新的重要作用，将其视为建设生态文明的第一动力，并提出了构建市场为导向的绿色技术创新体系。

综上所述，习近平关于科技发展对自然环境影响的重要论述具有十分重要的意义，一方面，它是新时代科技创新推进生态文明建设实践的重要理论指南。习近平总书记关于科技发展对自然环境影响的重要论述既坚持了唯物主义的世界观，从我国科技创新推进生态文明建设的具体情况出发，实事求是地提出了绿色发展目标，明确了绿色科技作为重要手段，绿色科技创新作为内在动力，绿色科技人才作为根本保障，又坚持了辩证法的发展观，推进了马克思主义科技发展对自然环境影响思想的创新发展，开拓了我国科技创新推进生态文明建设的新境界，分析了需要重点解决的问题，指明了具体的发展要求，论证了具体的实践路径，提供了科学的世界观和方法论。总之，习近平总书记关于科技发展对自然环境影响的重要论述的实践意义在于借助生态文明建设在发挥科技发展生产力积极作用的同时实现它的生态化重构，因而有着明显的辩证与实践特征。

另一方面，它为解决科技创新推进生态文明建设的问题贡献中国智慧和中国方案。习近平总书记关于科技发展对自然环境影响的重要论述不仅是我国生态文明建设实践的重要理论指南，而且为全球依靠科技推进生态文明建设贡献了中国智慧和中国方案。长久以来，西方国家绿色思潮中"深绿"思潮和"浅绿"思潮关于科技的反生态性和生态性争论，脱离了现实基础，具有一定的抽象性。生态学马克思主义虽然提出变革资本主义制度，实现生态社会主义下科技的合理应用，但是批判性意见较多，建设性谋划较少。习近平总书记提出辩证地看待科技在生态文明建设中的作用，科技既能产生生态环境问题，造成生态危机，同时也是保护生态环境的有力工具。因此，只有强调科技发展的生态化转向，以科技创新为动力，大力发展绿色科技，才能跳出科技悲观论与科技乐观论非此即彼的二元对立思维方式，更好地为生态文明建设服务。习近平总书记关于科技创新推进生态文明建设的重要论述为世界各国提供了中国方案。

整体而言，马克思恩格斯关于科技发展对自然环境影响思想的中国化发展，既体现了对马克思恩格斯相关思想的继承性，又体现了一定的丰富性和发展性。概言之，中国化马克思主义关于科技发展对自然环境影响的思想可以归纳为五个方面的内容：科技发展深化对自然规律的认识，强化对自然资源的利用；科技发展解决环境污染的问题；科技发展促成自然保护与社会发展的辩证统一，实现绿色发展；科技发展转向生态化，大力发展绿色科技；科技发展的价值旨向是实现人类在自然面前的自由。

一是科技发展深化对自然规律的认识，强化对自然资源利用的观点体现了对马克思恩格斯相关思想的继承性。马克思恩格斯认为，科技落后造成人类对自然的迷信和盲目崇拜，科技的发展使人类从这种桎梏的状态下解放出来，并形成唯物的、辩证的自然观，科技的发展同样加强了对自然力的应用，大大提高了劳动生产率。上述理论与中国化马克思主义的相关重要论述具有很强的契合性，体现了一脉相承的特质。

二是科技发展解决环境污染问题的观点既体现了对马克思恩格斯相关思想的继承性，同时又体现了一定的丰富性和发展性。马克思恩格斯当时更多地关注的是依靠科技提升土地肥力的问题，并未深入探讨依靠科技治理和修复土地污染问题。此外，空气污染、水污染问题马克思恩格斯虽然有所关注和批判，但并没有谈及直接依靠科技手段进行治理，资源短缺、自然灾害等问题在当时也并没有涉及。所以说，中国化马克思主义关于依靠科技助力解决生态环境问题的观点，在广度上和深度上相较于马克思恩格斯当时的论断又有所丰富和发展。

三是科技发展促成自然保护与社会发展的辩证统一，实现绿色发展的观点，既体现了对马克思恩格斯相关思想的继承性，又体现了一定的丰富性和发展性。马克思恩格斯针对以科技为基础的资本主义大工业造成自然环境的破坏给予了深刻的批判，同时指出造成这种现象背后的原因是科技的资本主义应用，也就是说，在资本主义社会中，科技必然造成对自然环境的破坏，资本主义具有不可持续性。中国化马克思主义立足于中国特色社会主义实践，从社会发展的高度看待科技发展对自然环境影响的问题，提出依靠科技发展才能促成自然保护与社会发展的辩证统一。科技的应用不仅要实现人类对自然的利用，更是要防止对自然造成破坏，要依靠科技协调自然资源有限性和人类需求无限性的关系，走一条绿色发展之路，实现对资本主义不可持续发展道路的超越。这不仅认识到了资本主义由于科技发展引发的生态危机具有的不可持续性，而且超越性地提出依靠科技发展实现可持续发展、绿色发展的理念。

四是科技发展转向生态化，大力发展绿色科技的观点，体现了对马克思恩格斯相关思想的丰富性和发展性。马克思恩格斯更多的是关注科技的发展能够对自然环境保护有一定积极作用，例如对土地的持续改良，对生产资料的节约等，马克思恩格斯相关思想的中国化的过程中，更加强调科技发展的生态化转向，扩大了关注内容的范畴，将一切有利于保护和改善生态环境的科技都归结为绿色科技，在此基础上提出了具体的加强绿色科技创新、加强绿色科技合作等促进绿色科技发展的方法遵循和路径指引。

五是科技发展的价值旨向是实现人类在自然面前自由的观点，体现了对马克思恩格斯相关思想的继承性。一方面，马克思恩格斯对资本主义科技发展造成自然环境破坏，从而导致无产阶级与自然环境的分离进行了价值批判；另一方面，马克思恩格斯提出科技发展对自然环境重要有利效用的价值旨向是实现自然的解放基础上人的解放。马克思恩格斯相关思想的中国化发展，同样也是把人民群众对美好生态环境的需求作为科技发展的出发点和落脚点，科技发展要为实现人类在自然面前的自由而服务，这与马克思恩格斯相关思想具有很强的契合性，体现了一脉相承的特质。

理论的发展从来都不是墨守成规的教条，而是在实践中不断探索和发展的。中国化马克思主义关于科技发展对自然环境影响的思想既体现了对马克思恩格斯相关思想的继承性，又具有一定的丰富性和发展性，这为我国依靠科技创新推进生态文明建设迈进新时代，建设美丽中国提供了重要的理论指南和科学的实践路径。

第六章

**马克思恩格斯关于科技发展
对自然环境影响思想的时代启示**

马克思恩格斯关于科技发展对自然环境影响的思想既包括关于科技发展对自然环境不利影响的批判，也包括关于科技发展对自然环境有利影响的深入阐述，是科学的、完整的、系统的理论体系。党的十九届五中全会提出，坚持创新在我国现代化建设全局中的核心地位，把科技自立自强作为国家发展的战略支撑，要强化国家战略科技力量，加快建设科技强国。显然，科技的重要作用被提升到关乎国家发展战略的高度。习近平在中共中央政治局第二十九次集体学习时特别指出，要全面贯彻落实新发展理念，努力建设人与自然和谐共生的现代化，支持绿色低碳技术创新成果转化，支持绿色技术创新。如今，我国生态文明建设迈入新的阶段，适逢世界新一轮科技革命和产业变革的浪潮，生态文明建设更是离不开科技的支撑。那么，在如何更好地依靠科技创新推进生态文明建设，规避科技发展带来的生态环境破坏的负效应的问题上，马克思恩格斯的相关思想提供了十分重要的时代启示，一是科技创新推进生态文明建设的根本保障是中国特色社会主义制度；二是科技创新推进生态文明建设的价值旨向是人民群众生态需求；三是科技创新推进生态文明建设的基本原则是利用与限制资本；四是科技创新推进生态文明建设的重要手段是绿色科技；五是科技创新推进生态文明建设的关键所在是城乡循环经济。

第一节　科技创新推进生态文明建设的根本保障：
中国特色社会主义制度

马克思恩格斯关于科技发展对自然环境影响思想的重要内容之一是对科技

的资本主义应用造成自然环境的不利影响进行了批判。马克思恩格斯认为，科技的资本主义应用造成对自然环境的破坏具有必然性，这主要体现在三个方面：一是科技的资本主义应用服务于资本而忽略了自然的界限，资本家为了追求更多的资本，无视自然资源的有限性。二是科技的资本主义应用引发了新的、虚假的需要和消费，使人们的消费发生本国消费向世界消费的转变、必要生活资料消费向奢侈品消费的转变。三是科技的资本主义应用造成自然资源大量的浪费。马克思恩格斯从科技、自然的视域批判了资本主义的不可持续性，在批判的基础上，马克思恩格斯认为共产主义科技发展对自然环境会产生有利影响，科技的共产主义应用能够实现对资本主义的超越，这取决于科技的共产主义应用具有三个方面的优势。第一个方面的优势是科技由工人阶级共同占有，科技摆脱了资本的控制，才能更多地关照自然环境问题。马克思强调，现代科技的发展究竟是产生有利影响还是不利影响，取决于由谁掌握、为谁服务，未来先进的科技超越了资本家单独占有的情形，要由新生的工人阶级掌握，因为"工人也同机器本身一样，是现代的产物"❶。第二个方面的优势是科技的应用具有计划性和有偿性，科技的应用可以由国家根据需要进行统筹规划，并给予应有的补偿，在共产主义社会，可以"按照共同的计划增加国家工厂和生产工具，开垦荒地和改良土壤"❷。第三个方面的优势是人类可以在更加符合生态学规律的基础上利用自然，保障人与自然之间物质变换的无限循环。在共产主义社会中，"公民公社将从事工业生产和农业生产，将把城市和农村生活方式的优点结合起来，避免二者的片面性和缺点"❸。

由上得知，马克思恩格斯关于科技发展对自然环境影响思想的时代启示之一是要充分发挥中国特色社会主义制度的优越性为科技创新推进生态文明建设提供有力保障。中国特色社会主义制度是保证人民当家作主的前提，只有坚持制度自信，才能实现科技发展与生态文明建设的良性互动。党的十九届四中全

---

❶ 马克思，恩格斯. 马克思恩格斯文集（第二卷）[M]. 北京：人民出版社，2009：580.

❷ 马克思，恩格斯. 马克思恩格斯文集（第二卷）[M]. 北京：人民出版社，2009：53.

❸ 马克思，恩格斯. 马克思恩格斯文集（第一卷）[M]. 北京：人民出版社，2009：686.

会明确提出了中国特色社会主义制度和国家治理体系具有十三个方面的"显著优势",强调要坚持和完善中国特色社会主义制度。认识并准确理解科技创新推进生态文明建设要坚定社会主义建设方向,充分发挥社会主义制度优越性这一时代启示,才能促使我国科技创新推进生态文明建设实践不会迷失方向、举棋不定,才能消除质疑、迎接挑战,提供强大的精神动力和制度保障。可以说,党对政府的领导是科技创新推进生态文明建设的组织保障,以人民为中心是科技创新推进生态文明建设的思想保障,集中力量办大事是科技创新推进生态文明建设的制度保障。

一、党对政府领导的组织保障

中国共产党的集中统一领导为科技创新推进生态文明建设制定顶层设计,出台政策支持,提供了强有力的组织保障。这是中国特色社会主义科技创新推进生态文明建设的根本保障。党的集中统一领导具有全面掌控、统筹安排的领导优势,能够集中力量聚集在关涉全局性、方向性的问题上。我国科技创新推进生态文明建设遵循的是由党和国家发挥核心引导作用的自上而下的道路,这意味着党和国家可以为科技推进生态文明建设提供强有力的政策指引和支撑,这主要得益于我们坚持党总览全局、协调各方的领导核心作用,可以通过国家机关实施党对国家的领导。

在改革开放之前,基于我国特定的国情,生态环境领域并没有成为国家科技发展的主要方向。伴随市场经济的不断发展,过快的、粗放的经济发展模式一定程度上都依赖于对自然资源的过度消耗,由此造成生态环境问题的日益凸显,我国科技也开始逐渐侧重于在生态环境领域的发展,这在党和政府计划主导的科技发展规划中得以较好的体现。

国家高科学技术发展计划("863 计划")为了缩小与发达国家科技差距,提升大国之间科技竞争力,提出"有限目标,突出重点"的方针,其中涉及了生物技术、能源技术等 7 个领域 15 个主题作为我国高技术研究发展的重点。

"火炬计划"作为"863 计划"的姐妹计划，旨在推动我国前沿技术的产业化发展。优先支持节能降耗、环境保护等各类企业，成立了高新技术产业服务中心，保障火炬计划的顺利实施。催生了包括太阳能、风能、绿色电池等在内的节能环保产业迅速发展。国家高新区作为火炬创新资源的聚集地，基本实现了自然生态、企业发展和社会和谐的有机统一。"星火计划"作为我国重点依靠科技促进农村经济发展的计划，其主要目的是加快实现农村现代化建设，提高农民生活质量，改善农村生态环境。促进农村生产方式和生活方式的生态化转向，科学引领农民合理开发利用土地资源，改变了以往粗放型的生产方式，营造了良好的节约资源、爱护环境的氛围。"攀登计划"的提出是为了适应我国当代科学基础性研究的发展，将社会发展中十分紧要问题的理论和技术基础认定是首要攻克的工作。此外，陆续开展实施的"技术创新工程"和"211 工程"等，生态环境保护有关项目都占有一定的比重。

2006 年，国务院发布《国家中长期科学和技术发展规划纲要（2006—2020）》，科技发展的生态化转向更为突出。在 11 个重点领域中，包括了能源、水和矿产资源、环境、农业和制造业五大与生态环境直接相关的领域。涉及了诸如工业节能、煤的清洁利用、可再生能源低成本开发、水资源优化配置、海水淡化、海洋生态保护、全球环境变化监测、新能源汽车、绿色建筑、生物安全等众多主题。

党的十八大以后，2013 年，国务院发布《国家重大科技基础设施建设中长期规划（2012—2030 年）》。2016 年，国务院发布《"十三五"国家科技创新规划》。2017 年，科技部、环境保护部（2018 年改组为生态环境部）等五部委联合印发了《"十三五"环境领域科技创新专项规划》，明确了"十三五"期间环境保护科技创新的指导思想、发展目标、重点任务和保障措施。提出了以建设美丽中国为导向，深化重大生态环境问题的基础研究，突破关键核心技术，形成整体技术解决方案，建立高水平人才队伍，打造创新型环保产业体系，为环境污染控制、生态环境质量改善和环保产业发展提供科技支撑的总体目标。2019 年，科技部发布了《关于构建市场导向的绿色技术创新体系的指导意见》，以习近平新时代中国特色社会主义思想为指导，围绕破解生态文明建设中存在的主要问题为目标，以激发绿色技术市场需求为突破口，重点包括培育壮大绿色技术创新主体、强化绿色技术创新的导向机制、推进绿色技术创新成果转化示范应用、优化绿色技术创新环境、加强绿色技术创新国际合作、组织实施六个方面。诸多科技发展相关政策的出台，特别是有关环境领域的科技发展规划及意见，部署了今后一段时间我国科技要重点解决的生态环境问题，明确了科技发展的主要方向。

因此，不同于西方国家的朝令夕改，党和国家的重要决议由于受到制度的保障而具有持续性和有效性，既能够为国家的发展做出长久规划，又能够为规划的高效落实提供保障。党中央、国务院先后发布的一系列文件，彰显了从国家层面对科技推进生态文明建设提供强有力的引导，为今后科技在生态环境领域的发展明确了发展目标和具体任务，体现了良好的持续性。政策的出台最终还需在现实中得以贯彻落实，重重的现实阻碍还需强有力的制度保障。为了降低工业生产中对自然资源的浪费和污染，必须逐步实现产业的转型升级，淘汰高能耗、高污染的传统产业，加强对企业的环境污染监管。这些措施企业并不会自愿落实，需要依靠强有力的制度实施监管，体现了良好的有效性。因此，如若更好地发挥科技在生态环境领域的重要作用，虽然离不开市场的导向，但是也离不开完善的法律制度、有力的执法监督、稳定的外部环境，这些都需要党的领导的组织保障。

二、以人民为中心的思想保障

党的十九届四中全会提出，"健全为人民执政、靠人民执政各项制度"。❶中国共产党一直秉承以人民为中心的思想理念，并贯穿于中国特色社会主义制度的各个方面，中国特色社会主义制度能够促使科技的发展有效保障人民的生态权益和生态需求，维护生态公平正义。

---

❶ 习近平. 中共中央关于坚持和完善中国特色社会主义制度、推进国家治理体系和治理能力现代化若干重大问题的决定［J］. 求是，2020（01）.

　　马克思主义始终坚持把人民群众的权益作为社会主义制度的价值标准。在中国特色社会主义制度体系中，人民代表大会制度是坚持党的领导、人民当家作主和依法治国有机统一的根本政治制度。人民代表大会制度作为根本政治制度，把马克思主义国家学说和中国政治实践相结合，为人民行使国家权力提供了根本途径和方式，充分体现了人民当家作主。中国共产党领导的多党合作和政治协商制度，作为中国特色社会主义基本政治制度之一，能够充分调动广大人民群众参与依靠科技创新推进生态文明建设的实践，广开言路、虚心纳谏，汇聚多方力量为一体。正如习近平总书记所言，"有事好商量，众人的事情由众人商量，是人民民主的真谛。协商民主是实现党的领导的重要方式，是我国社会主义民主政治的特有形式和独特优势"❶。不同于资本主义社会科技归属于资本家所有，成为资本家积累财富的有力工具，社会主义民主制度始终以人民群众的利益为出发点和落脚点，从政治上保障人民当家作主的权利，人民依照法律程序，表达各种意愿、反映利益诉求，可以采取多种形式行使民主权利，管理国家事务。为此，科技得以归属于广大人民所有，为人民服务，受人民监管，人民得以对科技的发展进行监督和管制，人民的意愿能够有效通过人民代表大会制度得以反映和实现，同时，通过法定程序上升为国家意志，出台相关的法律、政策，保障和落实人民的心声。

　　应该说，以人民为中心是我国社会主义制度特有的优势。西方国家普遍实行的多党制看似更加民主，但各个政党只代表了部分群体的特殊利益，本质上是特定群体之间的权力逐鹿，各个政党关心的只能是党派内的局部利益，而不会关心全体人民的利益，这在本质上是无法改变的，也是资本主义制度必然存在的痼疾。与此不同的是，中国共产党始终代表最广大人民的利益，为最广大人民服务，这就从根本上决定了党领导人民依靠科技创新推进生态文明建设，出发点和落脚点都是为了满足人民的生态权益。

　　近年来，与人民生活密切相关的生态环境问题在先进技术的助力下得到了

❶ 习近平. 决胜全面建成小康社会 夺取新时代中国特色社会主义伟大胜利 [M]. 北京：人民出版社，2017：37－38.

极大的缓解，主要表现在环境污染有效防治、自然生态监管更加精确两个方面。当前，我国生态文明建设需要重点解决的环境污染问题主要有大气、水、土壤污染的防治，党的十八大以来这些问题得到了有效缓解和解决。根据生态环境部发布的《2019 中国生态环境状况公报》显示，我国在重点区域秋冬季大气污染治理、水污染防治、农用地土壤污染状况详查方面都取得了很好的成绩。环境污染的有效防治，离不开先进技术的有力支撑。从大气污染防治看，区域大气污染成因、监测预警预报技术、环境健康评价、联防联控技术的普遍推广有效支撑大气污染防治工作。由于信息化的快速发展，我国生态环境监测网络逐步搭建，由空气自动监测站点、酸雨监测点位和沙尘暴监测站组成的环境空气质量监测网已建成使用，初步形成了用数据管理、用数据服务和用数据决策的创新管理模式。水污染防治主要涉及饮用水安全保障技术、城镇生活污水处理与资源化技术、工业废水处理、回用与减排技术、面源污染控制技术、水体修复技术、水质分析与监测技术等，在持续推进水体污染控制与治理科技专项工作中，在重点领域实现了关键技术、技术标准规范、申请专利等多方面的突破，基本构建了水污染治理和管理技术体系。土壤污染防治主要涉及土壤修复的污染介质治理技术（物理修复、化学修复、生物修复）和污染途径阻断技术（封顶、填埋），当前，我国从事土壤修复产业的企业数量逐年增加，从 2013 年的 200 家增加到 2017 年的 2800 家，并有持续扩大的趋势。❶

此外，卫星遥感技术推动我国自然生态监管实现精确化，创新自然生态监管业务模式。卫星遥感技术在生态状况调查评估、自然保护地监测评估、生物多样性遥感监测评估、资源开发与生态保护修复监测评估等方面为国家和区域自然生态监管、生态保护修复决策提供强有力的技术支持，基本形成"天地一体化"的调查评估技术体系，可以准确观察自然生态的持续变化，让生态保护监管与执法更加精确。2021 年 3 月 22 日，习近平总书记在考察武夷山国

---

❶ 前瞻产业研究院. 2018 年中国土壤修复行业发展现状及前景分析预测 2019 年将迎来大爆发成为万亿级市场［EB/OL］.（2019 - 01 - 03）［2024 - 06 - 25］. https：//bg. qianzhan. com/report/detail/458/190103 - 57f8f98f. html.

家公园时，高度肯定了武夷山在生态文明建设方面取得的成效，其中一个关键的原因就在于依靠先进的技术对园区进行科学管理。由于采用智慧化的管理模式，武夷山国家公园已经能够实现对公园范围内生物资源、生态环境要素等开展"天空地"一体化全方位全天候检测和服务。这充分体现了我国制度中为人民服务的核心价值理念和优势，始终以满足人民切身需求和利益为出发点和落脚点。

三、集中力量办大事的制度保障

党的十九届四中全会提出，我国国家制度具有坚持全国一盘棋，调动各方面积极性，集中力量办大事的显著优势。也正如习近平总书记所强调，"我们最大的优势是我国社会主义制度能够集中力量办大事"❶。集中力量办大事，是中国特色社会主义制度的主要特质和独特优势。这主要体现在党和国家可以高屋建瓴地指引方向，高效地统筹社会多方主体共同参与当前需要重点解决的问题，有效应对发展过程中的各种风险和挑战，为科技创新推进生态文明建设提供全方位的保障。

一般而言，我国作为最大的发展中国家，在改革开放的 40 多年里，许多难以攻克的难题都是极其复杂的，能否有效地解决需要充分发挥集中力量办大事的制度优势，否则无论是长期的发展计划还是短期的攻坚克难都无法顺利完成。科技创新推进生态文明建设是一个复杂的系统工程，关涉政府的规划指引、生态环境污染的机理分析、绿色技术的有效供给、经济发展模式的转型发展、生态环境监测的有力执行、绿色产品的消费转变等诸多方面。因此，仅仅是依靠政府、企业或个人的力量是不能达成的，必须由政府统筹规划、企业积极参与、个人密切配合形成合力才有可能取得成绩。特别是党的十八大以来，我国在科技创新推进生态文明建设中取得的一系列可喜成绩就足以证明，中国

---

❶ 习近平. 习近平谈治国理政（第二卷）［M］. 北京：外文出版社，2017：273.

共产党凝聚多方力量多管齐下、迅速决策，为科技创新推进生态文明建设实践提供了强大的制度保障。

进入 21 世纪以来，我国紧跟世界科技发展的浪潮，促进科技呈现出规模化、多元化的发展趋势，这其中不乏生态友好型科技的发展，但是，相对于科技的整体发展而言，绿色科技的发展仍然处于滞后状态。究其原因，在市场经济条件下，科技的主要功能仍然在于大力发展生产力，为社会提供充实的物质基础。企业作为科技创新的主体，赚取利润仍然是大部分企业追求的目标。相比于传统科技，绿色科技虽然更加亲近于自然，但受制于利益的驱使，甚至于受经济效益的影响，部分企业缺少创新动力，更有甚者不愿意采购清洁生产设备。一些企业不会主动承担生态环境责任，履行生态环保要求，而是在党和政府强有力的监督指导之下才会实行生产方式的转型升级，改变以往高能耗、高污染的生产方式。近年来，在党和政府的强力指导和监管之下，许多对生态环境破坏严重的企业实行了技术改造，改变了以往废气、废水直接排放或是高排放的状况，不能达到要求的企业，基本都被勒令停止生产。无论是绿色科技的创新，还是绿色科技的应用，单独依靠企业是不能完成的，甚至是不愿实行的。只有依靠党和政府强有力的指导、执法部门的严格监管、人民群众的广泛参与，才能保障绿色科技的发展及其在企业生产中的普遍推广应用。这就需要进一步发挥我国集中力量办大事的制度优势，在中国共产党强有力的指导下，整合社会资源，形成发展合力。在中国共产党的指导下，我国实行生产资料公有制的经济基础，使国家根据生态环境的需要制定合理的、长期的科技发展规划以及应用，充分调动社会资源进行高效配置，进而在很大程度上能够规避完全依靠市场行为造成的盲目性。

综上，中国特色社会主义制度在科技创新推进生态文明建设实践中体现了特有的优越性，我们应该以中国特色社会主义制度的优越性为着力点，树立中国特色社会主义科技创新推进生态文明建设的制度自信，强力引导科技发展的生态化转向，大力发展生态友好型技术，逐步探索和解决现实发展中存在的生态环境问题。事实充分证明，我国制度具有独特的优势，在生态文明建设中能够很好地得以体现。西方国家虽然也重视生态环境问题，而且也发展了先进的生态环保技术，但它们只是把生态环境问题简单地归为社会问题的一个方面，并没有从国家发展的高度给予重视。加上资本主义国家的企业发展绿色科技的目的从根本上而言是赚取利润，并不是保护环境，再加上缺乏国家的强有力监管，企业推进绿色科技创新的意愿并没有那么强烈。相反，党的十八大以来，我国把生态文明建设提升至国家发展战略的高度，具体规划指导了未来一个阶段科技在生态环境领域的重点发展方向和主要任务，具有极强的指导性和有效性。这些成绩的取得，都是以中国特色社会主义制度为根基，为此，我们要充分发挥制度优势，坚定制度自信，最大限度上发挥科技发展对生态环境的有利作用，尽可能规避科技发展给生态环境带来的不利影响。

第二节　科技创新推进生态文明建设的价值旨向：人民群众生态需求

马克思恩格斯关于科技发展对自然环境影响思想的重要内容之二是批判了科技的资本主义应用对自然环境的不利影响造成无产阶级与自然的分离，使得无产阶级遭受伤害。马克思恩格斯立足于历史唯物主义的基本立场，认为人民群众是促使科技不断进步的中坚力量。人民群众推动了科技的进步，从而得以更好地认识自然、利用自然，理应合理地享用自然的馈赠，共享自然资源，这既是符合时代的需要，也是顺应历史的潮流。与此相反，科技的资本主义应用却使无产阶级不仅无法占有自然资源，而且他们生活的环境也遭到了无情的破坏，大自然恩赐的阳光、空气、清水对他们来说竟然成了奢侈品，长期生活在被污染的环境之中，无产阶级的身体每况愈下。在环境污染的情况之下，"除了过高的死亡率，除了不断发生的流行病，除了工人的体质注定越来越衰弱，还能指望些什么呢?"工人的住宅"和这个阶级的其他生活条件结合起来，成了百病丛生的根源"❶。同时，马克思恩格斯阐释了科技发展对自然环境的有利影响是为了实现自然的解放基础上人的解放。其内涵具体表现在四个方面，一是科技发展是人的解放的现实条件，科技发展是人的解放的必要手段。人的解放并不是纯粹精神领域"自我意识"的消融，而是要从现实条件出发，"只有在现实的世界中并使用现实的手段才能实现真正的解放"❷。二是自然科学是人的解放的科学。自然科学是关于人的科学，是为人的解放做准备的科学，它通过工业日益在实践中影响人的生活。三是科技对自然的认识和应用有助于实现人类的自由。"自由就在于根据对自然界的必然性的认识来支配我们自己和外部自然。"❸ 四是科技对自然力的应用有助于解放人的劳动力，使每个人能够在遵循自然规律的前提下实现个人的真正的自由和解放。

由上得知，马克思恩格斯关于科技发展对自然环境影响思想的时代启示之二是要把满足人民群众生态需求作为科技创新推进生态文明建设的价值旨向。坚持以马克思恩格斯这一理论启示指导我国科技创新推进生态文明建设，应该始终将人民群众的生态需求作为服务对象，紧紧围绕人民群众的生态权益开展工作，满足人民群众日益丰富的生态需求，实为时代的必然选择、实践的现实诉求。党的十九届四中全会指出，我国制度具有"坚持以人民为中心的发展思想，不断保障和改善民生、增进人民福祉，走共同富裕道路的显著优势"❹。习近平总书记认为良好的生态环境是人民幸福生活的重要内容，"良好生态环境是最公平的公共产品，是最普惠的民生福祉"❺。为此，科技创新推进生态文明建设以满足人民群众生态需求，一是要满足人民群众生态享有需求，把保障人民生态权益作为出发点和落脚点，保障人民的价值主体地位；二是要满足

---

❶　马克思，恩格斯. 马克思恩格斯文集（第一卷）［M］. 北京：人民出版社，2009：411.

❷　马克思，恩格斯. 马克思恩格斯文集（第一卷）［M］. 北京：人民出版社，2009：527.

❸　马克思，恩格斯. 马克思恩格斯文集（第九卷）［M］. 北京：人民出版社，2009：120.

❹　习近平. 中共中央关于坚持和完善中国特色社会主义制度、推进国家治理体系和治理能力现代化若干重大问题的决定［J］. 求是，2020（01）.

❺　中共中央文献研究室. 习近平关于全面建成小康社会论述摘编［M］. 北京：中央文献出版社，2016：163.

人民群众生态实践需求，调动人民群众参与绿色科技实践的积极性，保障人民群众绿色科技创新的实践主体地位。

一、生态享有需求

（一）坚定人民群众立场

长期以来，中国共产党率领人民群众推动科技进步的努力进取，始终立足于人民群众的基本立场，彰显了对人民群众利益以及生态权益认识的逐步深化、完善的过程。邓小平指出："搞科技：越高越好，越新越好。越高越新，我们也就越高兴。不只我们高兴，人民高兴，国家高兴。"❶ 习近平总书记特别强调，要加大科技惠及民生力度，推动科技创新同民生紧密结合。人民的需要和呼唤，是科技进步和创新的时代声音，要让人民享有更加宜居的生活环境。党和国家对人民群众生态权益的高度关注、贯彻落实与持续改善，有力地表明了实现自然的解放基础上人的解放理论正在成为科技创新推进生态文明建设的时代趋向，科技创新推进生态文明建设要以人民群众的认识和态度为立足点，这既体现了马克思主义的政治理念，也体现了习近平新时代中国特色社会主义思想的鲜明特征。

（二）保障人民群众生态共享

共享是中国特色社会主义的新发展理念之一，发展成果必须由人民群众共享。人民群众作为科技创新推进生态文明建设的价值享有主体，人民群众的生态权益，不是少数人的享受，而是全体人民群众的共享。科技在发展过程中，不能以牺牲广大人民群众的生态权益换取少数人的生态权益。为此，科技创新

❶ 中共中央文献研究室. 邓小平关于建设有中国特色社会主义的论述专题摘编 ［M］. 北京：中央文献出版社，1992：79.

在生态文明建设中要注重协调区域生态平衡、城乡生态平衡，坚持生态权益由人民共享。这就要求科技创新推进生态文明建设要着重解决大气污染、水污染、土壤污染和固体废物污染等与人民群众需要、社会需要紧密相关的问题，以人民群众的拥护、赞成作为标准，让人民群众在良好的生态环境中提升幸福感和获得感。当前，我国科技创新推进生态文明建设成效显著，特别是在关乎人民群众切身生态利益的方面，得到了很大的改善和提升。

二、生态实践需求

（一）调动人民群众绿色科技创新的积极性

人民群众是历史发展的决定力量，同样也是科技在生态文明领域创新，即绿色科技创新的主体，他们构成了绿色科技创新的实现动力。人类的生存离不开生产劳动，生产劳动的关键在于生产方式，绿色科技成果作为生产方式的决定性因素，是人类劳动智慧的结晶，离不开人民群众的广泛参与。所以，人民群众作为绿色科技创新的主体彰显了科技创新推进生态文明建设依靠谁的现实选择。党的十八大以来，党和国家大力鼓舞人民群众积极开展科技创新，人民群众成为科技创新的主体力量。为此，要深化人民群众绿色科技创新的主体地位，充分肯定人民群众在绿色科技创新活动中的主体作用，发挥人民群众绿色科技创新的积极性，凝聚包括知识分子在内的各阶层人民的智慧和力量。当前，我国广大人民群众在生态环境领域科学文化素质普遍不高，这在一定程度上限制了人民群众绿色科技创新潜力的激发，针对这种情况，政府需要加强关于绿色科技的广泛宣传，增加绿色科技常识的科普，同时，大力发展绿色科技教育，提高人民群众的绿色科技文化素养。

（二）调动人民群众绿色科技应用的积极性

人民群众作为实践主体，不仅体现在推动绿色科技创新的思想形式，而且体现在他们是把绿色科技创新成果进行广泛应用的主体力量。绿色科技创新活动并不只是部分科学家的责任，同样涉及在实践中的转化和推广应用，这就使得人民群众作为中国特色社会主义绿色科技创新的实践主体具有重要的地位和作用。当前，我国已经有大批成熟的绿色科技成果实现商品化，如绿色食品、绿色家电、绿色汽车、绿色服装等已逐步占据一定的市场份额，供给侧生产的绿色转向，带动了人民群众消费的绿色转向，人民群众在消费过程中，绿色消费意识逐渐形成，也更加倾向于选择绿色产品。

（三）调动人民群众绿色科技监督的积极性

科技是一把"双刃剑"，既能保护自然，也能破坏自然，这既与科技应用的社会制度相关，也与科技发展自身相关。任何前沿科技的发展都会产生相应的科技风险，绿色科技相比于传统科技虽然对生态环境更加友好，但并不意味着绿色科技的发展能够避免科技风险，不会引发生态环境问题，其背后蕴含的不确定性以及深远的影响仍然存在。我们要高度警惕绿色科技的"绿色"成分，部分绿色科技虽然在应用的过程中节约能耗、降低污染，但是在后续处理过程中可能造成极大的环境污染，科技发展及其应用的社会民主化管理与环境人文社会科学审视仍是十分必要的。这就需要人民群众普遍参与绿色科技活动，并且科研机构有责任向公众公开绿色科技的准确信息，加强人民群众对绿色科技的监督审视。中国特色社会主义制度的优势就在于科技不再是资本家赚取利润的工具、被资产阶级单独占有，而是从属于广大人民群众，因此，人民群众有权利也有义务对科技的生态效用进行监督。充分发挥人民群众的监督力量，对造成生态环境破坏的技术进行生态伦理的审视。科技发展之所以会造成严重的生态环境破坏，一个重要的原因就在于对科技的发展缺少前期评估和后期监督。企业作为技术创新的主体，基本都会遵循效益优先的原则研发技术，进而忽略了科技发展的民主化审视，在实际应用中对生态环境的破坏通常也不会归结为技术的原因，人民群众在科技监督中还处于相对弱势的地位。因此，需要确保人民群众在科技前期研发和后期应用进程中的监督权利，把人民群众的意见作为科技发展一项重要的参考依据。

第三节　科技创新推进生态文明建设的基本原则：利用与限制资本

马克思恩格斯关于科技发展对自然环境影响思想的重要内容之三是揭示了科技沦为资本积累的工具而成为一种破坏自然的力量。以资本为主导是资本主义社会最主要的特征。一方面，马克思恩格斯肯定了资本在促进科技发展以帮助人类认识和利用自然中的作用，在资本主义大工业生产中，资产阶级为了持续获得更多的财富，迫切需要更先进的科学和技术手段，用以提高劳动生产效率，这在一定程度上推动了科技的发展，同时也在客观上提高了人类认识自然、改造自然的能力。"自然科学本身（自然科学是一切知识的基础）的发展，也像与生产过程有关的一切知识的发展一样，它本身仍然是在资本主义生产的基础上进行的，这种资本主义生产第一次在相当大的程度上为自然科学创造了进行研究、观察、实验的物质手段。"❶ 另一方面，马克思恩格斯更主要地批判了科技发展受资本的控制，对自然环境造成严重的破坏。为了满足资本家贪婪的欲望，资本家利用无偿占有的先进科技对自然界进行过度开发，违背了自然界自身的运行规律，忽视了自然条件的限制，超越了自然的承受能力，使科技成了一种破坏的力量。西班牙的种植场主在古巴焚烧森林，这种行为造成这些地区的沃土被热带的倾盆大雨所冲走，但是"这同他们又有什么相干呢？"❷

由上得知，马克思恩格斯关于科技发展对自然环境影响思想的时代启示之三是要把利用与限制资本作为科技推进生态文明建设的基本原则。我国科技推

---

❶ 马克思，恩格斯. 马克思恩格斯文集（第八卷）［M］. 北京：人民出版社，2009：359.
❷ 马克思，恩格斯. 马克思恩格斯文集（第九卷）［M］. 北京：人民出版社，2009：562 - 563.

进生态文明建设既要充分发挥资本有利的一面，也要高度警惕资本不利的一面。虽然我国社会主义制度的建立使生产资料摆脱了资本的属性，使其社会性质得到充分体现。但是，我国仍将长期处于社会主义初级阶段的国情，使得生产资料公有制和非公有制长期存在，正如习近平所言，我国当前发展混合所有制经济，是一种国有资本、集体资本、非公有资本等交叉持股、相互融合的混合所有制经济。为此，科技在生态文明建设中的功效仍然不可避免地受到资本的驱使而大打折扣，利润财富的追求忽视了对生态环境的破坏，损害了人民的生态权益。需要高度警惕过度追求利润的经济发展模式造成生态环境的破坏，必须要对资本加以重新考量。科技推进生态文明建设要秉承利用资本与限制资本相结合的理念。

一、利用资本

（一）中国的现实国情决定利用资本的必要性

我国还处于社会主义的初级阶段，国家的物质水平有限，为了满足生产力的发展和广大人民群众的需要，离不开对资本的利用。改革开放以来，中国市场经济得到了充分的发展，资本是市场经济的基础，推动了市场经济的繁荣发展，极大地丰富了中国特色社会主义的物质财富和精神财富。中国特色社会主义利用资本的目的就在于更好地坚持和发展社会主义，可以说，中国现代化取得的丰硕文明成果，中国现代化的进一步发展，市场经济的主导地位，都离不开利用资本。在中国特色社会主义进入新时代的今天，利用资本仍然是必不可少的重要手段，具有举足轻重的作用。发展是第一要务，解决经济发展不平衡不充分的问题仍须借助市场经济，依靠资本要素持续推动经济社会的高质量发展。

（二）科技创新推进生态文明建设决定利用资本的必要性

近代以来，科技发展向来与资本的关系密切，资本主义制度在一定程度上刺激了科技的高速发展。为了提高劳动生产率，科技的基础性作用愈发明显，这就在很大程度上促使资本家加大对科技的投入，新的科学发现和技术发明不断涌现。同样，我国科技的发展也必然离不开资本的支撑，党和政府从整体上对科技在生态文明建设领域的发展进行了指导和规划，并提供一定资金的支持。但是企业作为科技创新的重要主体，在科技的研发以及应用方面发挥了决定性的作用，科技创新本身就需要大量资本的投入，虽然企业仍然是以追求利润为目标，却也极大地推动了生态文明建设领域科技的迅速发展。马克思恩格斯虽然对科技的资本主义应用造成自然环境破坏的现象进行了批判，但同时也承认资本在推动科技进步方面具有重要的作用。应该说，资本对于科技的发展具有重要的推动作用，问题的关键在于如何规避资本在推动科技发展的同时对生态环境造成的不利影响，这就需要划定资本应该推动何种属性科技的发展。传统科技中对生态环境破坏性较大的技术需要有计划、分步骤地退出市场，加速科技发展的生态化转向，只有大力促进绿色科技的发展，实现科技的转型升级，才能在保障经济持续稳定发展的同时弱化对生态环境的不利影响。党的十八大以来，我国绿色科技创新政策陆续出台，将我国现阶段科技创新的发展转向生态化。当前，我国绿色科技创新的多元主体共同参与模式得以构建，绿色金融改革创新试验区高效推进，绿色科技创新成果转化平台建设完成，扩大了市场导向的绿色技术创新体系的示范效应。构建以市场为导向的绿色技术创新体系，实质上就是要充分发挥资本的重要作用，以市场为重要载体和手段，促进科技发展的生态化转向。

从经济的发展模式看，科技创新推进生态文明建设的一个重要方面就是要实现经济发展的转型，由粗放型经济转向集约型经济。市场经济的根本在于资本，无论是粗放型经济，还是集约型经济，最终都离不开利用资本。企业也只有在利润得到保障的前提下，才能实现集约型经济的转向。资本的根本属性就是实现利润的增殖，充分发挥资本在促进科技发展中的作用，就必须保障企业的合理利润，激活企业绿色科技创新的动力，推进绿色科技的快速发展，以此为支撑实现企业的经济发展转型，从而持续调整产业布局，形成经济高效增长与生态环境保护的良性循环，通过消耗较低的环境成本促进经济的稳定发展。这需要政府引导资本投入与资源、环境相关的产业，建立和实行有利的制度和机制，保障产业结构的有序调整、绿色企业的营利增收。

二、限制资本

资本原则使得科技发展对生态环境的破坏具有必然性，资本的本性就是要追求高额利润，实现价值增殖。马克思在《资本论》中曾经对资本有过生动的形容，表示利润越高，资本就会越加疯狂，"如果有10%的利润，它就保证到处使用……有300%的利润，它就敢犯任何罪行，甚至冒绞首的危险"❶。然而，资本高额利润的获取，都是以自然条件为代价的。资本在追求价值增殖的过程，也就是人类不断利用自然的过程，资本越丰厚，对自然的破坏也愈发严重。资本在追求利润的过程中会不择手段，必然不会顾及对自然的损害，在这一过程中，科技起着助推器的作用，科技的发展增速了资本的积累，同样，也加速了对自然的掠夺。资本追求利润的无限性与自然资源本身的有限性形成了不可避免的矛盾。虽然我国社会主义制度的建立在一定程度上使科技摆脱了资本的属性，使其社会性质得到充分的体现，但是我国仍处于并将长期处于社会主义初级阶段的特性决定了公有制和非公有制经济将长期共同存在，科技仍不可避免地受到资本的羁绊。这就需要我们对资本的发展进行伦理视域的审视，资本的发展并不能为所欲为，应该是有所为、有所不为，要在符合生态伦理的要求下在一定限度内合理地发展。

因此，需要加强对资本的限制。所谓限制资本，是指党和国家可以从宏观

---

❶ 马克思，恩格斯. 马克思恩格斯文集（第五卷）［M］. 北京：人民出版社，2009：871.

视域限制资本在引发生态环境严重破坏的科技领域的投入，阻止资本在高能耗、高污染领域的持续发展。例如：从科技发展看，在科技研发和应用之前，对科技进行严格的生态评估，对资源浪费严重、环境污染严重的科技予以禁止资本摄入。从产业发展看，我国传统产业中诸如煤炭、钢铁、水泥等高能耗、高污染、高排放的企业要限制与削减资本的投入。同时，出台严格的法规、政策，提高对企业清洁生产的要求，制定严格的污染排放标准，倒逼企业进行技术的升级换代，对于不能达到标准的企业进行强行清退。国家从整体上布局产业结构，分批次清除不合理产业，逐步划定资本投入禁区，禁止资本的自由投入。因此，只有为资本增殖设定生态前提，对资本逻辑运行的范围和主体进行一定程度的设定和控制，才能更好地驾驭资本而避免完全按照资本的运动本性进行。社会主义对资本的利用，不应该局限于资本增殖性的单一维度，还需要考虑资本生态性的前提维度。

当然，实现科技创新推进生态文明建设利用资本与限制资本相结合，最终只有依靠党和国家的主导力量才能实现，这是中国特色社会主义制度优于资本主义制度的一个重要方面。即党和国家不仅能够利用资本，而且能够更好地限制资本、引导资本，调动政府宏观调控的作用，平衡资本与生态之间的矛盾，将资本对生态环境的负效应降至最低。在生态环境严重破坏的领域禁止或者减少资本的摄入，同时又可以通过政策、机制引导资本进入生态环境保护防治的领域，对于资本可能发生的僭越行为，可以诉诸法律的途径加以惩罚。通过正面引导和反面惩戒两条路径，使科技的发展在一定程度上摆脱资本的束缚，可以更好地为生态文明建设、保障人民的生态权益服务。

此外，党和国家之所以能够更好地利用资本与限制资本相结合，也取决于我国特有的资本运行体系。不同于资本主义的资本关系，党的十五大创造性地提出了"公有资本"的概念，公有资本体现了资本的人民属性，而不局限于追求利润。这种以公有资本为主体的资本运行体系，更有利于保障科技由人民所有、为人民服务的属性，对于实现既要"金山银山"，也要"绿水青山"的可持续发展具有重要的现实作用。

第四节　科技创新推进生态文明建设的重要手段：绿色科技

马克思恩格斯关于科技发展对自然环境影响思想的重要内容之四是阐述了科技发展对自然环境有利影响的主要表现。马克思恩格斯认为科技发展本身会对自然环境产生有利的影响，主要体现在三个方面。一是科技发展能够实现对自然认识和应用的深化，同时有助于形成科学的、唯物辩证的自然观。在科学尚未充分发展之前，人类对自然的认识极为有限，随着科学的不断进步，人类才逐步摆脱对自然的迷信，掌握正确的自然规律，树立起正确的、科学的自然观念。人类之所以能够这样，"就在于我们比其他一切生物强，能够认识和正确运用自然规律"。❶ 二是实现对土地的改良，土地的形成由于自然条件的差异，并不是总能满足人类生产生活的需求，科技发展能够提升土地肥力，使劣等地变成优等地，使沼泽地、海水地、沙地等变成新耕地，从而打破自然条件的种种限制，将不能利用的土地同样变成地力肥沃、适宜耕作的耕地。土地是否肥沃更重要的是"一方面取决于农业中化学的发展，一方面取决于农业中机械的发展"。❷ 三是实现对生产资料的节约，相比于旧的机器，新的机器具有更高的生产效率，减少废弃物的排放。同时，随着对生产废料的认识不断深化，许多原来不具备使用价值的废料也可以得到应用，实现变废为宝，有效缓解对自然环境的压力。"科学的进步，特别是化学的进步，发现了那些废物的有用性质。"❸ "机器的改良，使那些在原有形式上本来不能利用的物质，获得一种在新的生产中可以利用的形态。"❹

---

❶　马克思，恩格斯. 马克思恩格斯文集（第九卷）[M]. 北京：人民出版社，2009：560.
❷　马克思，恩格斯. 马克思恩格斯文集（第七卷）[M]. 北京：人民出版社，2009：733.
❸　马克思，恩格斯. 马克思恩格斯文集（第七卷）[M]. 北京：人民出版社，2009：115.
❹　马克思，恩格斯. 马克思恩格斯文集（第七卷）[M]. 北京：人民出版社，2009：115.

由上得知，马克思恩格斯关于科技发展对自然环境影响思想的时代启示之四是要以绿色科技为重要手段推进生态文明建设。虽然科技的发展引发了严重的生态环境问题，但生态环境问题的解决还是需要借助科技的力量。人们对于科技具有的反生态性进行过严厉的指责，却并没有影响科技日新月异的快速发展。所以说，科技的持续发展符合社会发展规律，也是人类的必然选择，我们既要警惕科技发展对生态环境带来的破坏性影响，也要充分发挥科技发展对生态环境带来的有利效用，依靠科技的力量节约自然资源、保护生态环境、加强环境污染治理。为此，科技创新推进生态文明建设依靠绿色科技为重要手段，一是认识到绿色科技是对传统科技的反思和超越，二是认清我国绿色科技发展当前取得的成绩和存在的问题，三是通过绿色科技创新和绿色科技人才实现绿色科技的发展。

一、绿色科技是对传统科技的反思和超越

受制于特定的历史因素，传统科技活动主要用以实现人类对于自然的利用和改造，科技的发展是为了满足人类不断增长的需要，判断的标准仅限于实现经济价值，从而较大程度地忽略了科技活动对于自然的破坏。随着科技力量的日益增强，原本存在的改变人类在自然面前被动地位的问题已经解决，取而代之的是人类借助科技的力量已经愈发强大，甚至破坏了自然的有机整体性，以致于最后伤害人类自己。传统科技的发展加剧了能源危机，造成了对自然资源的过分掠夺，影响了全球气候变化，生物多样性急剧下降，人类开始反思传统科技在过度追求人类利益时产生的生态环境问题。工业革命以来，生态环境问题愈显突出，并逐步由局部地区扩散至全世界。生态危机的出现，促使人们思考科技发展对生态环境的影响，这些思考大致可归结为三类。

一是把生态环境问题归咎于科技发展并进而否定科技的进步作用。由于以科技为基础的工业化最早发生在主要的资本主义国家，生态环境问题的凸显引起了部分科学家、社会思想家对近代科技以及不适当地使用导致的生态环境问

题的高度关注。卡逊发表的著作《寂静的春天》最早揭露了杀虫剂对生物和环境的危害。此外，西方绿色思潮中的"深绿"思潮基本上持科技悲观论，他们普遍认为科技是生态危机的罪魁祸首，科技本身就具有破坏生态环境的属性，无论科技如何进步，这一点是不能改变的，为此，他们警告世人，科技的发展对生态环境是一种威胁，这种威胁可能是当下的，也可能是未来的，尊重自然就是对自然少干预，要保持人与自然和谐甚至有必要回到前科技时代。

二是相信科技的发展可以解决生态环境问题并力倡新科技。相比于上述学者关于科技具有反生态性的批判，西方绿色思潮中的"浅绿"思潮基本上持科技乐观论，对科技的生态性进行了维护，主要代表人物有耶内克、胡伯、摩尔等人，此外，社会学家桑德拉、小宫山宏也持相同的立场。他们普遍以乐观、积极的态度评价科技在环境变革中的作用，特别针对技术创新给予了很高期望，生态现代化的核心要素就是先进的科技，生态环境问题可以依靠科技的力量得以解决，或者可以说是资本主义社会能够通过科技实现向绿色资本主义转型。

三是揭示科技的资本主义应用带来的生态环境问题并提倡合理利用科技。西方的"红绿"思潮充分揭示了科技的资本主义应用所带来的生态环境问题。生态学马克思主义代表人物诸如阿格尔、高兹、奥康纳等人都主张在变革资本主义制度的基础上，需要实现从大技术到小技术、硬技术到软技术、坏技术到好技术的转变。他们普遍认为抽象地谈论科技的反生态性和生态性没有意义，关键是人们如何利用科技。如果为追逐利润的资本主义应用，科技就是反生态的；如果人类能够合理地控制人与自然的关系，合理地选择科技，就能发挥科技的进步作用。

在对传统科技进行反思的基础上，绿色科技实现了对传统科技的超越。这种超越实现了从科技效用的"科技—人类"的二元模式到"科技—人类—自然"的三元模式的转化。科技在满足人类欲望的同时，必须保障自然这个基础性、先在性的存在。不管如何评价科技发展对生态环境的影响，科技还是按照其自身的规律不断发展。进入21世纪，科技的发展更是一日千里，科技前沿不断开拓，而且学科之间的界限日益模糊，学科交叉融合趋势明显。既然科技发展的脚步无法停止，那么该如何有效规避科技发展可能给生态环境带来的负面影响呢？这就需要促使科技发展的生态化转向，以绿色科技为重要支撑，实现社会的绿色发展。正如习近平总书记所言，要辩证地看待科技发展对生态环境造成的影响。一方面要高度警惕科技发展可能对生态环境造成的破坏，如西方国家的世界八大公害事件；另一方面要坚信只有依靠科技的力量才能化解生态环境问题。我们要充分发挥中国特色社会主义制度的优势，促进科技发展的生态化转向，大力发展绿色科技。从某种意义上说，这也回答了争论不休的科技的反生态性与生态性问题。科技是一把"双刃剑"，关键因素还在于人类如何利用它，合理的利用就能持久地造福于人类，不合理的利用就可能祸及人类，即使它在较短时间内人类可能获得特定的利益。科技是发展的，早期的技术未能充分考虑其使用可能带来的生态后果，现代科技将继续走向生态化，更加关注人类社会的可持续发展。人类应该吸取教训，不断推进科技的升级换代，使生态文明建设与科技发展相得益彰，而不是像西方学者那样陷入科技的生态性和非生态性乃至反生态性的不休争论中。

二、绿色科技发展当前取得的成绩与存在的问题

（一）绿色科技取得的成绩

实现科技发展的生态化转向，大力推进绿色科技发展，是新时代我国科技追踪新一轮科技革命，建设生态文明的必由之路。一直以来，我国都非常重视依靠科技进步减少自然能源消耗，降低生产成本，经过不懈努力，我国绿色科技创新能力也得到显著提升，能源结构得到大幅优化。

基于我国"多煤少油缺气"的能源资源特征，原煤在我国能源生产总量、消费总量中的比重一直偏高，是我国能源的最主要来源。由于原煤资源的高污染性，我国依靠科技逐步实现能源结构的优化、清洁低碳化进程不断加快。

由表 1 可知，新中国成立初期，我国原煤产量占能源生产总量的 96.3%，截至 2018 年，占比降低为 69.3%。与此同时，清洁能源所占的比例逐步加重，新中国成立初期，水电产量仅占能源生产总量的 3%，截至 2018 年，清洁能源的占比为 23.5%，其中天然气占比 5.5%，一次电力及其他能源占比 18%。我国能源结构得到优化，清洁能源进步较为明显。能源生产结构逐步向清洁化转变，天然气、核能、太阳能、风能等清洁能源占比持续提高。

表 1　我国能源生产总量

	新中国成立初期	2018 年
原煤	96.3%	69.3%
原油	0.7%	7.2%
水电	3%	—
天然气	—	5.5%
一次电力及其他能源	—	18%

数据来源：国家统计局. 能源发展实现历史巨变 节能降耗唱响时代旋律——新中国成立 70 周年经济社会发展成就系列报告之四 [EB/OL]. (2019 - 07 - 20) [2024 - 07 - 15]. www.in - en.com/article/html/energy - 2281049. shtml.

当前，我国已经成为世界能源生产第一大国，基本形成以原煤、原油、天然气、可再生能源多轮驱动的能源生产体系，其中，我国可再生能源发展态势良好。从国内来看，相比于 2018 年，我国核电产量增长 18.3%，天然气产量增长 10.0%，高于原煤产量增长的 4.0%。[1] 从全球范围来看，我国可再生能源发电量已经处于遥遥领先的地位。根据《2017 清洁能源行业报告》显示，全球可再生能源约为非可再生能源的三分之一，其中我国可再生能源主要以水电、风能、太阳能为主，发电量已经遥遥领先于欧美国家。国家能源局发布统计数据，2020 年上半年我国风电发电量 2379 亿千瓦时，同比增长 10.9%；光伏发电量 1278 亿千瓦时，同比增长 20%，均保持两位数增长。

---

[1]　中华人民共和国生态环境部. 2019 中国生态环境状况公报 [S]. 2020：51.

（二）绿色科技存在的问题

长期以来，我国一直高度重视依靠科技创新推进生态文明建设，已经取得丰硕的成果，但不能忽视，我国在科技创新推进生态文明建设中仍然存在许多问题，其中最主要的是绿色技术供给难以满足生态文明建设需要的问题仍将长期存在，主要体现在绿色技术产业化比重较低。

绿色技术成果只有实现转化才能真正为生态文明建设作出贡献，当前，我国绿色技术研发与应用仍然存在较为严重的脱节问题。整体来讲，我国科技成果的转化率不足 30%，低于发达国家的 60%—70%。[1] 2022 年科技部与生态环境部等多部委联合印发的《"十四五"生态环境领域科技创新专项规划》中指出，加快构建以企业为主体、以市场为导向的绿色技术创新体系，营造"产学研金介"深度融合、成果转化顺畅的生态环境技术创新环境。发展一批由骨干企业主导、多主体共同参与的专业绿色技术创新战略联盟，构建跨学科、开放式、引领性的绿色技术创新基地平台和智库服务中心。加快发展绿色技术银行，促进绿色技术创新成果与金融服务、人才支持的贯通发展，形成承接变革性绿色技术产业创新、成果落地转化和国际转移的综合运作服务体系，加快试点示范并全面推广面向首台（套）重大技术装备的保险补偿、税收优惠等支持政策。完善重点领域绿色技术标准，推进绿色技术创新评价和认证，强化产品全生命周期绿色管理。鼓励企业实施期权、技术入股，完善科技成果知识产权、投融资、激励及风险机制，加快推进技术成果的产业化进程。当前，我国研制的绿色技术大部分处于研发阶段，真正实现产业化的比重还很低，总体而言，我国产业生态化的技术支撑体系尚未形成。

需要说明的是，我国绿色技术供给难以满足生态文明建设需要的问题是与中国在特定发展时期的国情相符合的。改革开放以来，我国科技的发展更多是

---

[1]　迟福林. 我国科技成果转化率不足 30% ［EB/OL］.（2018－02－11）［2024－07－24］. http://www.chinalbaogao.com/.

为了解决社会生产力发展的问题，科技发展的重点在于实现对自然的开发利用，进入 21 世纪，我国科技的发展才越来越向生态环境领域倾斜。随着中国特色社会主义进入新时代，人民对美好生活的需要是生态文明建设的价值旨归，也是科技发展的重要方向，随着我国生态文明建设的有效推进，绿色科技的发展势头迅猛，已经取得了可喜的成绩。

三、通过绿色科技创新和绿色科技人才实现绿色科技的发展路径

（一）绿色科技创新为内在动力

创新是事物发展的内在源泉和动力，在北京科学家座谈会上，习近平总书记突出强调加快科技创新是推动高质量发展的需要。那么，如何才能更好地发挥绿色科技创新的内在动力呢？

1. 加强政府在绿色科技创新方面的规划，出台政策引导

中国特色社会主义制度的优势可以体现于政府为绿色科技创新提供科学性的长远规划，并自始至终起到非常关键的引导性作用，同时，政府在绿色科技创新的过程中还起到重要的保障性作用。一是为绿色科技创新的主体即企业提供条件保障，诸如增加财政支出、增加科研立项、放宽投融资限制、适当税收减免、采购绿色技术产品等，尽可能满足企业绿色科技创新的有利条件，让企业在促进绿色科技创新的同时实现经济效益的稳定增长。二是为绿色科技创新提供人才保障，大力开展绿色科技教育，整合校企资源，培养绿色科技创新型人才。三是为绿色科技创新提供法律法规保障，切实保障绿色科技创新人员的原创权益，维护基本利益。党的十八大以来，政府作为绿色科技创新的倡导者和参与者，陆续出台了多项绿色科技创新政策，如先后颁布和实施了《"十三五"环境领域科技创新专项规划》《"十四五"生态环境领域科技创新专项规划》《关于构建市场导向的绿色技术创新体系的指导意见》等文件，将我国现阶段科技创新的发展方向转向生态化。

2. 深化绿色科技创新的体制改革

党的十八大以来，习近平总书记特别强调要推进科技自主创新，最紧迫的是要破除体制机制障碍，解放和激发科技的巨大潜能。自 2015 年中共中央办公厅、国务院出台《深化科技体制改革实施方案》以来，原有的境况大为改观，但同时还存在一些问题亟须解决。我国现有的绿色科技创新机制虽然在一定程度上推进"产学研"三位一体发展，但主要还是依赖于政府的外力推动，大部分企业、高校、研究院限于自身的实际境况而缺乏足够宏大的视野，绿色科技创新的内动力不足。具体来说，企业作为技术应用的主体，更多地关注绿色技术的推广应用，高校、研究院更多倾向于基础性研究，部分应用型研究也主要停留在小试阶段，难以真正实现产业化。这就需要打破三者之间的科技合作壁垒，实现资源要素的顺畅流通，形成绿色科技创新合力。在实践中政府主导的科研立项应适当倾向于企业、高校、研究院联合申报的项目，通过项目把三方整合为一个体系，打造责任共同承担，成果共同分享，效益共同分配的共同合作模式，形成你中有我、我中有你的共同格局，从而实现绿色科技创新与制度创新的"双轮驱动"，提升国家创新体系的整体效能。

3. 构建市场导向的绿色技术创新体系

党的十九届四中全会提出，要"构建市场导向的绿色技术创新"。市场是绿色技术创新的风向标，市场的需求决定了绿色技术研发和应用的走向，因此，以市场为导向会更加合理地调整资源配置，最大限度地保障绿色产品的供给。强化企业绿色技术创新主体地位，发展绿色金融融资保障，建立和规范绿色技术交易市场，促进绿色技术创新成果转化。当前，我国绿色科技创新的多元主体共同参与模式得以构建，绿色科研机构数量逐年增加，绿色科研项目有效推进，水体污染治理被列入国家科技重大专项，2018—2022 年我国绿色低碳专利授权量年均增长 6.5%❶。绿色金融改革创新试验区高效推进，绿色科技创新成果转化平台建设完成，绿色技术加速产业化，高效推进国家生态工业

---

❶ 吴珂. 近 5 年，我国绿色低碳专利授权量年均增长 6.5%——绿色低碳专利映出绿色家园［N］. 中国知识产权报，2023－01－16.

示范园区发展，扩大了市场导向的绿色技术创新体系的示范效应。

党的十八大以来，许多民营企业在市场经济中找到了科技发展与经济效益、生态效益的结合点，依托先进的绿色科技不仅创造了经济价值，更是创造了生态价值。企业现已大力发展生态修复、节能环保等绿色技术。以沙漠治理为例，亿利集团凭借先进的技术在沙漠化治理中实现全方位现代化、科技化治理模式，采用水气法种植技术，最快可以实现 10 秒种植一棵沙柳，大大提高种植效率；采用风向数据法造林技术，能够明显降低沙丘高度；采用无人机飞播技术，可以实现一天种树 400 余亩，显著提高种植面积。这让西方民众不禁赞叹："西方在争论时，中国沙漠已经变绿。"企业作为绿色科技创新的主体，必须在市场中找准自己的立足点，企业追求经济价值是发展市场经济的必然，但是经济价值与生态价值并不存在不可调和的矛盾。原有的经济增长方式多是以牺牲生态环境为代价，但正如习近平总书记所倡导的"绿水青山"就是"金山银山"那样，只要突破技术瓶颈，充分发挥企业的主动性，通过市场经济的形式是完全可以更好地促进经济发展与生态环境保护的良性循环。

（二）绿色科技人才为根本保障

千秋基业，人才为本。生态文明建设离不开绿色科技，而绿色科技的发展又是以绿色科技人才为基础。正如习近平总书记所言："世上一切事物中人是最可宝贵的，一切创新成果都是人做出来的。硬实力、软实力，归根到底要靠人才实力。"❶ 虽然自然资源是有限的，但是人类的聪明才智是无限的，所以从根本上讲，科技人才最为难得，科技人才是科技发展的根本。为此，在国内，依托高校、研究院、企业培养基地，加强绿色科技人才培养；在国外，积极开展全方位的绿色科技人才引进，以高层次绿色科技领军人才为重点。双管齐下，储备梯队合理的高水平绿色科技人才资源。当前，我国绿色科技人才队伍不断壮大。与此同时，环保科技人才队伍的年龄结构更加年轻化，基层环保

---

❶ 习近平. 努力成为世界主要科学中心和创新高地［J］. 求是，2021（06）.

人才队伍总量的增加速度高于总体平均水平，重点急需的环保人才队伍建设得到明显加强。

但是，在取得成绩的同时，我们也要认识到在绿色科技人才方面存在的一些问题，其中一个重要的问题就是如何评价绿色科技人才。以往关于科技人才的唯职称、唯学历、唯项目、唯论文的评价体系一定程度上不尽科学、不尽全面。高水平的项目和论文的确能够说明科研能力，但是现有的、固定的评价体系并不一定完全适合评价科技创新的能力，因为从科技创新的本身看，科技创新有大的创新、小的创新；有的创新短时间就能攻克，有的创新则时间很长，特别是涉及能源、环境污染机理等基础科学创新，更是很难在短期内实现，如果过于急功近利地进行考核评价，很大程度上并不利于绿色科技工作者沉心静气、脚踏实地从事研究工作。特别是科技创新本身就是一种尝试，这种尝试是以无数的失败为基础的，然而现有的评价体系并不将其考虑在内，其实试错也是为成功奠定基石的，也理应得到应有的认可和鼓励，因此，可以让现有的科技评价体系更加科学和宽容，只有这样才能激发绿色科技工作者的创新原动力，也才更加符合绿色科技创新规律。

第五节　科技创新推进生态文明建设的关键所在：城乡循环经济

马克思恩格斯关于科技发展对自然环境影响思想的重要内容之五是阐述了科技发展能够循环利用废料以及科技的资本主义应用造成城乡物质变换断裂。一方面，马克思恩格斯多次强调利用先进科技手段不仅能够提高对生产原料的使用效率，而且生产中许多排放的废弃物都可以进入其他部门进行再利用，降低对能源的消耗和环境的污染，促进循环经济的发展。"生产排泄物，即所谓的生产废料再转化为同一个产业部门或另一个产业部门的新的生产要素；这是这样一个过程，通过这个过程，这种所谓的排泄物就再回到生产从而消费（生产消费或个人消费）的循环中。"❶ 科技发展在实现排泄物循环利用的过程中具有两个作用：一是科学的发展增加了对废料的新认识，例如，科学的持续发展，可以不断发现废物的新功能；二是技术的发展把这种新认识变成了现实力量，例如，技术的发展推动了机器的更新换代，新的机器不仅能够更加节约生产资料，而且能够充分利用生产中产生的废料，使其作为生产资料进入新的生产。废料本身并非不具备价值，只是受限于科技发展水平而无法加以利用。另一方面，马克思恩格斯认为随着科技的不断发展，资本主义社会出现了物质变换断裂的现象。资本主义生产使得人类与土地相互间的物质变换出现阻碍，因为人类在日常生活中耗费大量的物质，然而这些物质在被人类耗费之后难以再次返还给原有的土地，从而破坏土地持久肥力的永恒的自然条件。造成物质变换断裂的原因，在于科技发展给劳动分工带来了深刻的变化。科技发展引起的分工最终导致城乡的分离，逐渐落寞的乡村最后被比比皆是的大工业城市所打败。但是在共产主义社会里，"联合起来的生产者，将合理地调节他们和自然之间的物质变换"❷。

由上得知，马克思恩格斯关于科技发展对自然环境影响思想的时代启示之五是要把城乡循环经济协调发展作为科技创新推进生态文明建设的关键所在。《绿色之路——中国经济绿色发展报告 2018》指出，中国经济绿色发展仍然具有不平衡、不充分、不协调的特征。我国科技推进生态文明建设的一个基本目标就是要着眼于实现经济的可持续发展，发展循环经济是其重要一环。实现经济发展方式转型，推进循环经济发展，是既符合我国生态环境的现实国情，同时也符合社会发展的必然选择。城乡循环经济协调发展以城乡系统整体发展为目标，保障城镇和乡村之间资源和生产要素的自由流动、相互协作互补，打破以往城镇与乡村二元经济结构，实现二者在区域范围内的融合发展。先进的技术是经济增长方式转型的先决条件，因此，需要保障先进技术的有效供给，提

---

❶ 马克思，恩格斯. 马克思恩格斯文集（第七卷）［M］. 北京：人民出版社，2009：94.
❷ 马克思，恩格斯. 马克思恩格斯文集（第七卷）［M］. 北京：人民出版社，2009：928.

高产业技术水平，增加技术在经济增长中的贡献度，促进技术高效地转化为现实生产力。

我国已经着力开展推进循环经济建设，早早于 2015 年由国家发改委确立了 61 个国家循环经济示范城市（县）。开展循环经济建设，标志着我国经济发展方式的转型，意味着生产方式的升级。生态文明建设的重点，就在于经济要实现什么样的发展，如何推动经济的这种发展。从循环经济与科技的相互关系来看，科技是推动循环经济发展的基础条件和重要保障。从现有情况来看，我国循环经济的建设还处于初步摸索阶段，主要在一些中等市县进行试点，而乡村的循环经济建设还要等待成熟的时机。究其原因，一是先进的绿色技术最先应用于工业发达的城市，无论从经济发展的体量上，还是从市场的完善程度，以及发展循环经济的紧迫性上，城市相比于乡村都有着独特的优势。二是政府推动循环经济的转型首先侧重选取城市工业发达的地区，无论是机构设置，还是资金投入等保障措施，城市都相对较为完善和成熟，乡村则受制于条件的限制而尚不具备成熟的条件，一方面是由于乡村的经济体量较小，产业结构比较单一，难以形成发展循环经济的产业体系；另一方面是农村技术条件也相对薄弱，难以提供充足的技术保障。为此，单就技术层面言，实现城乡循环经济协调发展需要通过构建城乡循环经济技术体系、完善城乡循环经济技术市场、强化城乡循环经济技术监管和保障三条路径。

一、构建城乡循环经济技术体系

首先，要加强城乡循环经济技术创新主体体系。企业作为技术供给和应用的主体，应该遵循减量化、再利用、再循环的 3R 原则保障技术供给，重点突破循环经济相关的基础技术和关键技术，优化技术体系结构。从农村农业发展看，农业更多利用的是太阳能、土地资源、水资源等可再生资源，工业更多利用的是化石能源、矿产资源等不可再生资源，只有依靠先进的绿色技术支持，才能减少城市工业的能源、资源耗费。加大城乡循环经济企业技术创新，拓宽技术创新体系的覆盖范围，不能局限于生产过程中的技术创新，还要重点突破产品消费后造成环境污染的技术创新，确保城乡循环经济技术体系的全覆盖。其次，要完善城乡循环经济技术标准体系。在参考发达国家技术标准的基础上，结合我国具体实际情况，制定符合企业自身发展的技术标准。适合的技术标准规避和淘汰了高污染、高能耗技术，确保技术应用的绿色旨向。同时，需要根据城市企业与农村企业的不同实际情况，进行实际合理的不同制定标准。最后，要建立城乡循环经济技术评估体系。对生产之前的技术进行严格评估，预防不达标技术流入市场；对生产中技术应用的整体过程进行实时监管和定期评估，对不能达到要求的生产工艺进行整改；此外，还需要对生产后产品的绿色性能进行检测，从而规制科学的、全方位、全过程的技术评估体系，确保技术的生态价值属性。

二、完善城乡循环经济技术市场

首先，要打造城乡循环经济技术平台和示范基地，促进企业技术交流，分享技术信息，提供技术服务，为循环经济技术研发、生产、推广、服务提供平台。这能够在很大程度上缓解乡村发展循环经济技术视域受限的问题，可以帮助乡村企业开拓视野和格局，逐步了解前沿技术动态，因地制宜地选取合适的技术。其次，要成立城乡循环经济技术中介机构，以技术中介机构连接技术创新主体和技术应用主体，促进沟通合作，保障循环经济技术应用和成果转化，特别是为广大农村地区提供技术服务，统筹城乡能源与资源良性互动，规避城乡能源与资源的割裂问题。城乡循环经济技术中介机构可以采取"政府＋企业"的运行模式，由政府提供政策和资金支持，按照市场化的模式进行运作，这样既可以保障中介结构的长期稳定发展，同时也可以保持为城乡循环经济发展服务的宗旨理念，兼顾政府的服务性和企业的营利性。再次，要在充分建设城乡循环经济技术平台的基础上，加快推进绿色技术的推广应用，设立应用示范专项，创建绿色技术共享机制，建立绿色技术成果交易中心、技术转让中心等技术市场。最后，强化绿色技术知识产权保护，优化和规范城乡循环经济技术市场环境。技术的推广应用是保障城乡循环经济稳步发展的最后一环，也是关键之处，必须协调企业的盈利性和生态公益性两者之间的关系，既要调动企业采用绿色技术的积极性，同时也要考虑生产成本问题，在充分尊重市场规律的前提下，政府可以营造良好的市场环境，通过绿色技术设备补贴等形式稳固和完善技术市场。

三、强化城乡循环经济技术监管和保障

技术供给离不开强有力的制度监管和保障，制度供给不足，技术也必然失效。一方面，政府要加强对企业的监管，颁布实施相关法规、制度，在保障企业合法权益的同时加强管束企业违规操作问题，加大执法力度，强化责任追究，做到有法必依，执法必严。对于不符合生态环保要求的落后技术需要及时进行淘汰或是转型升级，涉及的相关污染企业需要责令停业整改。依靠法律的硬性手段，强化城乡企业的主体责任，加重城乡企业的违法成本。城市与乡村的生态环境治理具有一体性，改变以往乡村作为城市垃圾处理场的对立发展模式，乡村的水资源、农产品作为供给城市生产生活的主要来源，决定了城市循环经济发展的成效。另一方面，政府要加强对企业的保障，制定总体规划、出台优惠政策给予支持：一是政府要加强宏观发展规划，在城乡循环经济关键技术领域进行科学指引，取得重点攻关突破；二是政府为企业发展循环经济、采用绿色技术给予资金支持、税收支持和消费支持。资金支持方面，需要降低贷款利率，提供贴息贷款，解决企业贷融资困难，加大项目立项，提供研发资金，优化环保资金的投放比例，加大对乡村资金投入。税收支持方面，需要出台推进城乡循环经济技术发展的流转税、所得税税收政策，帮助企业减轻财政负担。消费支持方面，需要优先推行绿色采购，打通城乡循环经济发展的最后一公里。在上述基础上，政府遵循城乡循环经济整体发展的原则，充分实现优势互补，将城市的先进技术、成熟的市场体系与乡村的优质资源相结合，以城

乡循环经济融合发展模式代替原有的城市循环经济单独发展模式。

　　总而言之，马克思恩格斯关于科技发展对自然环境影响的思想对我国依靠科技创新推进生态文明建设具有十分重要的启示意义，提供了科学的、丰富的理论启示和现实指导。为了更好地发挥先进科技在生态文明建设中的重要作用，必须以充分发挥中国特色社会主义的制度优势作为根本保障，明确满足人民群众生态需求的价值旨向，在此基础上，遵循利用资本与限制资本的基本原则，以绿色科技作为重要手段，重点实现城乡循环经济的协调发展。当然，完成科技创新推进生态文明建设的实践目标不可能一蹴而就，也不会一步到位，伴随我国生态文明建设迈入新时代，我们既要坚持与时俱进，具体问题具体分析，也要回归到马克思主义经典作家的相关重要思想。马克思恩格斯关于科技发展对自然环境影响的思想虽然不能完全解决当今我国科技创新推进生态文明建设存在的所有问题，但它为指导我国科技创新推进生态文明建设的实践提供了科学的世界观和方法论，具有重要的时代启示，是必须坚守和遵循的宝贵财富。

结　语

　　改革开放以来，我国科技的发展进入了快车道，这不仅极大地提高了社会生产力，实现了经济的腾飞，同时也造成了生态环境的破坏，人们开始不断反思科技发展对生态环境造成的负面效应。伴随中国特色社会主义进入新时代，我国社会的主要矛盾也发生深刻变化，人民日益增长的美好生活需要决定了我国要加快推进生态文明建设。其中，如何更好地发挥科技的重要作用是关键。科技是一把"双刃剑"，究竟如何才能更好地认识科技发展对推进生态文明建设的效用，还需要回归到马克思恩格斯的相关思想，寻求解决之道。本书通过整理分析马克思恩格斯关于科技发展对自然环境影响的思想，得出以下结论：

　　其一，马克思恩格斯非常关注科技发展对自然环境影响的问题，资本主义相继发生的两次科技革命，以及大工业生产引发的环境问题是马克思恩格斯研究的出发点，他们在汲取近代自然科学理论、李比希农业化学理论、摩尔根技术利用自然资源理论的基础上，先后历经初步形成、多维发展、整体完善三个发展阶段，逐步形成颇具体系的科技发展对自然环境影响的思想。这一理论体系呈现出严谨的科学性、彻底的批判性、鲜明的实践性和深厚的人文性特征。

　　其二，马克思恩格斯对科技发展对自然环境的有利影响进行了详细的分析。他们认为科技发展能够深化对于自然的认识和应用，形成正确的自然观，可以持续改良土地，节约生产资料。科技发展对自然环境的影响与社会制度密切相关，共产主义社会在保障科技发展对自然环境产生有利影响方面具有独特的优势。科技发展对自然环境的有利影响归根结底是要为实现自然的解放基础上人的解放服务。

　　其三，马克思恩格斯对科技发展对自然环境的不利影响进行了分析。他们认为资本主义科技发展引发诸如空气污染、河流污染、土地肥力下降、森林破坏等现象，这背后的原因并不在于科技发展本身，而是在于科技的资本主义应用引发了新的、虚假的需要和消费，造成大量的浪费，城乡物质变换出现断裂，最终造成无产阶级与自然相分离的境况，导致无产阶级身心遭受伤害。

其四，马克思恩格斯关于科技发展对自然环境影响思想在西方的理论演进。西方马克思主义中的法兰克福学派和生态学马克思主义从制度批判、价值观念、科技发展的审视与转向三个维度分析了科技的资本主义应用对自然环境造成破坏的原因和解决的路径。他们认为资本主义的科技发展服务于政治意识形态和资本积累，应该摒弃"技术理性"和"控制自然"的价值观念，实施科技发展的民主化、自然之美审视以及生态化转向。

其五，马克思恩格斯关于科技发展对自然环境影响思想在中国的继承和发展。中国共产党历代中央领导集体非常重视科技发展对自然环境影响的问题，他们认为科技发展有利于摆脱对自然的迷信，提高对自然的应用，加强环境污染的治理。习近平总书记的相关重要论述最为丰富和深刻，主要包括科技发展立足于解决生态环境问题，着眼于推动人类社会绿色发展，趋向于生态化。这体现了对马克思恩格斯关于科技发展对自然环境影响思想的继承和发展，是新时代中国特色社会主义科技推进生态文明建设的重要理论指南。

其六，马克思恩格斯关于科技发展对自然环境影响的思想在我国科技推进生态文明建设中具有重要的时代启示：一是科技创新推进生态文明建设要以中国特色社会主义制度为根本保障；二是科技创新推进生态文明建设要以人民群众生态需求为价值旨向；三是科技创新推进生态文明建设要以利用与限制资本为基本原则；四是科技创新推进生态文明建设要以绿色科技为重要手段；五是科技创新推进生态文明建设要以城乡循环经济为关键所在。

总之，马克思恩格斯关于科技发展对自然环境影响的思想为我国依靠科技推进生态文明建设奠定了重要的理论根基，是必须长期坚持的重要理论基础。马克思恩格斯的相关思想虽然产生于19世纪资本主义时期，但它在新时代中国特色社会主义生态文明建设方面仍然具有鲜活的生命力。当然，囿于历史时代的局限性，面对当今科技如何推进建设生态文明的复杂难题，马克思恩格斯的相关思想并不能解决所有的问题，这就需要我们在继承马克思恩格斯关于科技发展对自然环境影响思想的基础上有所发展，特别是要以习近平总书记关于科技发展对自然环境影响的重要论述作为有力指导，更好地发挥科技的重要作用，推进生态文明迈入新时代，建设美丽中国。

参考文献

一、马克思主义经典著作及重要文献

［1］马克思，恩格斯. 马克思恩格斯文集［M］. 北京：人民出版社，2009.

［2］马克思，恩格斯. 马克思恩格斯全集（第一卷）［M］. 北京：人民出版社，1995.

［3］马克思，恩格斯. 马克思恩格斯全集（第二卷）［M］. 北京：人民出版社，2005.

［4］马克思，恩格斯. 马克思恩格斯全集（第三卷）［M］. 北京：人民出版社，2002.

［5］马克思，恩格斯. 马克思恩格斯全集（第十卷）［M］. 北京：人民出版社，1998.

［6］马克思，恩格斯. 马克思恩格斯全集（第十二卷）［M］. 北京：人民出版社，1998.

［7］马克思，恩格斯. 马克思恩格斯全集（第二十一卷）［M］. 北京：人民出版社，2003.

［8］马克思，恩格斯. 马克思恩格斯全集（第二十五卷）［M］. 北京：人民出版社，2001.

［9］马克思，恩格斯. 马克思恩格斯全集（第四十五卷）［M］. 北京：人民出版社，2003.

［10］恩格斯. 自然辩证法［M］. 北京：人民出版社，2018.

［11］列宁. 列宁专题文集［M］. 北京：人民出版社，2009.

［12］毛泽东. 毛泽东文集［M］. 北京：人民出版社，1993.

［13］毛泽东. 毛泽东文集（第三—五卷）［M］. 北京：人民出版社，1996.

［14］毛泽东. 毛泽东文集（第六—八卷）［M］. 北京：人民出版社，1999.

［15］邓小平. 邓小平文选（第一卷）［M］. 北京：人民出版社，1994.

［16］邓小平. 邓小平文选（第二卷）［M］. 北京：人民出版社，1994.

［17］邓小平. 邓小平文选（第三卷）［M］. 北京：人民出版社，1993.

［18］江泽民. 江泽民文选［M］. 北京：人民出版社，2006.

［19］胡锦涛. 胡锦涛文选［M］. 北京：人民出版社，2016.

［20］习近平. 决胜全面建成小康社会 夺取新时代中国特色社会主义伟大胜利——在中国共产党第十九次全国代表大会上的报告［M］. 北京：人民出版社，2017.

［21］习近平. 习近平谈治国理政（第一卷）［M］. 北京：外文出版社，2018.

［22］习近平. 习近平谈治国理政（第二卷）［M］. 2 版. 北京：外文出版社，2017.

［23］习近平. 习近平谈治国理政（第三卷）［M］. 北京：外文出版社，2020.

［24］习近平. 在深入推动长江经济带发展座谈会上的讲话［M］. 北京：人民出版社，
2018.

［25］习近平. 携手建设更加美好的世界——在中国共产党与世界政党高层对话会上的主
旨讲话［M］. 北京：人民出版社，2017.

［26］习近平. 在庆祝中国共产党成立 95 周年大会上的讲话［M］. 北京：人民出版社，
2016.

［27］习近平. 在哲学社会科学工作座谈会上的讲话［M］. 北京：人民出版社，2016.

［28］习近平. 为建设世界科技强国而奋斗：在全国科技创新大会、两院院士大会、中国
科协第九次全国代表大会上的讲话［M］. 北京：人民出版社，2016.

［29］习近平. 弘扬传统友好 共谱合作新篇——在巴西国会的演讲［M］. 北京：人民出版
社，2014.

［30］习近平. 干在实处走在前列——推进浙江新发展的思考与实践［M］. 北京：中共中
央党校出版社，2006.

［31］习近平. 之江新语［M］. 杭州：浙江人民出版社，2007.

［32］习近平. 关于社会主义市场经济的理论思考［M］. 福州：福建人民出版社，2003.

［33］习近平. 现代农业理论与实践［M］. 福州：福建教育出版社，1999.

［34］中共中央党史和文献研究院. 习近平关于总体国家安全观论述摘编［M］. 北京：中
央文献出版社，2018.

［35］中共中央文献研究室. 习近平关于社会主义生态文明建设论述摘编［M］. 北京：中
央文献出版社，2017.

［36］中共中央文献研究室. 习近平关于科技创新论述摘编［M］. 北京：中央文献出版
社，2016.

［37］中共中央文献研究室. 习近平关于全面建成小康社会论述摘编［M］. 北京：中央文
献出版社，2016.

［38］中共中央文献研究室. 习近平关于全面深化改革论述摘编［M］. 北京：中央文献出
版社，2014.

［39］习近平. 全面提高依法防控依法治理能力 健全国家公共卫生应急管理体系［J］. 求是，2020（05）.

［40］在黄河流域生态保护和高质量发展座谈会上的讲话［N］. 人民日报，2019 – 10 – 16.

［41］让工程科技造福人类，创造未来——在 2014 年国际工程科技大会上的主旨演讲［N］. 人民日报，2014 – 06 – 04.

［42］面向世界科技前沿面向经济主战场 面向国家重大需求面向人民生命健康 不断向科学技术广度和深度进军［N］. 人民日报，2020 – 09 – 12.

二、中外著作

［1］顾海良. 马克思主义发展史［M］. 北京：中国人民大学出版社，2009.

［2］陈征.《资本论》解说：全三卷［M］. 福州：福建人民出版社，2017.

［3］李建平.《资本论》第一卷辩证法探索［M］. 3 版. 福州：福建人民出版社，2017.

［4］李建平. 中国特色社会主义政治经济学的逻辑主线和体系结构［M］. 济南：济南出版社，2019.

［5］李建平，等. 政治经济学［M］. 北京：高等教育出版社，2008.

［6］赖海榕. 改革的前景：中国与世界［M］. 北京：中央编译出版社，2014.

［7］郑传芳. 毛泽东思想和中国特色社会主义理论体系概论学习指导［M］. 北京：中国农业出版社，2012.

［8］苏振芳. 网络文化研究——互联网与青年社会化［M］. 北京：社会科学文献出版社，2007.

［9］许耀桐. 当代中国政治［M］. 北京：中国人民大学出版社，2018.

［10］潘玉腾. 推进社会主义核心价值体系大众化研究［M］. 北京：社会科学文献出版社，2012.

［11］陈永森，蔡华杰. 人的解放和自然的解放［M］. 北京：学习出版社，2015.

［12］傅慧芳. 公民意识的时代性与本土化［M］. 北京：社会科学文献出版社，2018.

［13］林可济.《自然辩证法》研究［M］. 北京：社会科学文献出版社，2013.

［14］林可济，陈紫明. 挑战与发展：马克思主义与现代科学技术革命［M］. 福州：福建教育出版社，1990.

［15］蔡华杰. 走出传统节约观的迷思——基于社会主义生态文明视角的研究［M］. 北

京：人民出版社，2018.

［16］陈学明. 生态文明论［M］. 重庆：重庆出版社，2008.

［17］郇庆治. 生态文明建设试点示范区实践的哲学研究［M］. 北京：中国林业出版社，2019.

［18］卢风. 科技、自由与自然——科技伦理与环境伦理前沿问题研究［M］. 北京：中国环境科学出版社，2011.

［19］卢风. 非物质经济、文化与生态文明［M］. 北京：中国社会科学出版社，2016.

［20］卢风. 生态文明新论［M］. 北京：中国科学技术出版社，2013.

［21］张云飞. 唯物史观视野中的生态文明［M］. 北京：中国人民大学出版社，2014.

［22］王雨辰. 生态学马克思主义与生态文明研究［M］. 北京：人民出版社，2015.

［23］王雨辰. 生态批判与绿色乌托邦——生态学马克思主义理论研究［M］. 北京：人民出版社，2009.

［24］方世南. 马克思恩格斯的生态文明思想——基于《马克思恩格斯文集》的研究［M］. 北京：人民出版社，2018.

［25］秦书生. 马克思恩格斯科学技术思想及其中国化研究［M］. 沈阳：东北大学出版社，2016.

［26］秦书生. 社会主义生态文明建设研究［M］. 沈阳：东北大学出版社，2015.

［27］秦书生. 复杂性技术观［M］. 北京：中国社会科学出版社，2004.

［28］解保军. 生态学马克思主义名著导读［M］. 哈尔滨：哈尔滨工业大学出版社，2014.

［29］陈昌曙. 技术哲学引论［M］. 北京：科学出版社，2012.

［30］陈昌曙. 陈昌曙技术哲学文集［M］. 沈阳：东北大学出版社，2002.

［31］黄顺基. 马克思主义哲学与现代科学技术体系［M］. 北京：科学出版社，2011.

［32］黄顺基，郭贵春. 现代科学技术革命与马克思主义［M］. 北京：中国人民大学出版社，2007.

［33］黄顺基. 科技革命影响论［M］. 北京：中国人民大学出版社，1997.

［34］黄顺基等. 科学技术哲学引论——科技革命时代的自然辩证法［M］. 北京：中国人民大学出版社，1991.

［35］乔瑞杰. 马克思思想研究的新话语 技术与文化批判的英国新马克思主义［M］. 上海：书海出版社，2005.

[36] 牟焕森. 马克思技术哲学思想的国际反响 [M]. 沈阳：东北大学出版社，2003.

[37] 王伯鲁. 马克思技术思想纲要 [M]. 北京：科学出版社，2009.

[38] 张晓红. 马克思技术实践思想研究 [M]. 沈阳：东北大学出版社，2013.

[39] 武文风. 马克思技术进步理论研究 [M]. 北京：经济管理出版社，2016.

[40] 于春玲. 文化哲学视阈下的马克思技术观 [M]. 沈阳：东北大学出版社，2013.

[41] 王治东. 技术的人性本质探究 马克思生存论的视角、思路与问题 [M]. 上海：上海人民出版社，2012.

[42] 田鹏颖. 马克思社会技术思想论纲 [M]. 北京：社会科学文献出版社，2016.

[43] 颜锋，孙雍君. 现代科学技术与马克思主义 [M]. 北京：知识产权出版社，2005.

[44] 陈章亮，姚伯茂. 科学技术革命与马克思主义 [M]. 上海：上海交通大学出版社，1992.

[45] 王跃新. 现代科学技术革命与马克思主义 [M]. 长春：吉林大学出版社，2004.

[46] 高嘉社，刘戟锋. 现代科学技术革命与马克思主义 [M]. 长沙：国防科技大学出版社，1999.

[47] 李三虎. 十字路口的道德抉择 马克思的技术伦理思想研究 [M]. 广州：广州出版社，2006.

[48] 黄威威. 马克思恩格斯和谐技术观及其当代发展 [M]. 沈阳：东北大学出版社，2017.

[49] 王力年. 毛泽东 邓小平 江泽民对马克思主义科学技术观的新发展 [M]. 长春：吉林人民出版社，2002.

[50] 赵家祥，梁树发. 新技术革命与唯物史观的发展 [M]. 石家庄：河北人民出版社，2006.

[51] 曾国屏. 现代科学技术与马克思主义哲学创新 [M]. 北京：人民出版社，2011.

[52] 黄正华. 科学技术哲学导论 [M]. 北京：社会科学文献出版社，2007.

[53] 员智凯，李辉. 现代科学技术革命与马克思主义——科学技术创新与社会文明进步 [M] 西安：西北工业大学出版社，2004.

[54] 刘文海. 技术的政治价值 [M]. 北京：人民出版社，1996.

[55] 梁士楚，李铭红. 生态学 [M]. 武汉：华中科技大学出版社，2015.

[56] 钱俊生，余谋昌. 生态哲学 [M]. 北京：中共中央党校出版社，2004.

［57］肖显静. 从科技进步到社会发展［M］. 北京：科学出版社，2013.

［58］肖显静. 后现代生态科技观——从建设性的角度看［M］. 北京：科学出版社，2003.

［59］任铃. 从西方环境运动看当代资本主义的社会矛盾［M］. 北京：红旗出版社，2014.

［60］陈振明. 法兰克福学派与科学技术哲学［M］. 北京：中国人民大学出版社，1992.

［61］王前. 技术现代化的文化制约［M］. 沈阳：东北大学出版社，2002.

［62］陈翠芳. 科技异化与科学发展观［M］. 北京：中国社会科学出版社，2007.

［63］陈翠芳. 生态文明视野下科技生态化研究［M］. 北京：中国社会科学出版社，2014.

［64］邓翠华，陈墀成. 中国工业化进程中的生态文明建设［M］. 北京：社会科学文献出版社，2015.

［65］陈墀成，蔡虎堂. 马克思恩格斯生态哲学思想及其当代价值［M］. 北京：中国社会科学出版社，2014.

［66］高亮华. 人文主义视野中的技术［M］. 北京：中国社会科学出版社，1996.

［67］刘大椿，何立松，刘永谋. 现代科技导论［M］. 2版. 北京：中国人民大学出版社，2009.

［68］王学川. 现代科技伦理学［M］. 北京：清华大学出版社，2009.

［69］［德］霍克海默. 批判理论［M］. 李小兵，译. 重庆：重庆出版社，1989.

［70］［德］西奥多·阿多诺. 否定的辩证法［M］. 张峰，译. 重庆：重庆出版社，1993.

［71］［美］马尔库塞. 审美之维［M］. 李小兵，译. 北京：生活·读书·新知三联书店，1989.

［72］［美］马尔库塞. 现代文明与人的困境——马尔库塞文集［M］. 李小兵，译. 上海：上海三联书店，1989.

［73］［美］马尔库塞. 单向度的人［M］. 刘继，译. 上海：上海译文出版社，2006.

［74］［德］哈贝马斯. 作为"意识形态"的技术与科学［M］. 李黎，郭官义，译. 上海：学林出版社，1999.

［75］［德］哈贝马斯. 理论与实践［M］. 郭官义，译. 北京：社会科学文献出版社，2004.

［76］［美］约翰·贝拉米·福斯特. 马克思的生态学——唯物主义与自然［M］. 刘仁胜，肖峰，译. 北京：高等教育出版社，2006.

［77］［美］约翰·贝拉米·福斯特. 生态危机与资本主义［M］. 耿建新，译. 上海：上

海译文出版社，2006.

［78］［英］戴维·佩珀. 生态社会主义：从深生态学到社会正义［M］. 刘颖，译. 济南：山东大学出版社，2012.

［79］［日］岩佐茂. 环境的思想——环境保护与马克思主义的结合处［M］. 韩立新，等译. 北京：中央编译出版社，1997.

［80］［德］路德维希·费尔巴哈. 费尔巴哈哲学史著作选（第一卷）［M］. 北京：商务印书馆，1978.

［81］［苏］拉契科夫. 科学学——问题、结构、基本原理［M］. 北京：科学出版社，1984.

［82］［英］J. D. 贝尔纳. 历史上的科学［M］. 伍况甫，等译. 北京：科学出版社，1959.

［83］［英］J. D. 贝尔纳. 科学的社会功能［M］. 陈体芳，译. 桂林：广西师范大学出版社，2003.

［84］［德］拉普. 技术哲学导论［M］. 刘武，等译. 沈阳：辽宁科学技术出版社，1986.

［85］［希］亚里士多德. 形而上学［M］. 苗力田，译. 北京：中国人民大学出版社，2003.

［86］［英］阿萨·布里格斯. 英国社会史［M］. 陈叔平，等译. 北京：中国人民出版社，2015.

［87］［英］狄更斯. 艰难时世［M］. 马建华，周琦，译. 海口：南方出版社，1999.

［88］［德］尤·李比希. 化学在农业和生理学上的应用［M］. 刘更另，译. 北京：农业出版社，1983.

［89］［美］路易斯·亨利·摩尔根. 古代社会［M］. 上册. 杨东莼，马雍，马巨，译. 北京：商务印书馆，1981.

［90］［日］小宫山宏. 地球可持续技术［M］. 李大寅，译. 北京：中国环境科学出版社，2006.

［91］［美］莱斯特·R. 布朗. 崩溃边缘的世界 如何拯救我们的生态和经济环境［M］. 林自新，等译. 上海：上海科技教育出版社，2011.

［92］［美］约翰·巴罗. 不论——科学的极限与极限的科学［M］. 李新洲，等译. 上海：上海科学技术出版社，2005.

［93］［美］唐奈勒·H. 梅多斯. 超越极限 正视全球性崩溃，展望可持续的未来［M］. 赵

旭，等译. 上海：上海译文出版社，2001.

［94］［美］巴里·康芒纳. 封闭的循环——自然、人和技术［M］. 侯文蕙，译. 长春：吉林人民出版社，1997.

［95］［美］巴里·康芒纳. 与地球和平共处［M］. 王喜六，等译. 上海：上海译文出版社，2002.

［96］［英］詹姆斯·拉伍洛克. 盖娅：地球生命的新视野［M］. 肖显静，范祥东，译. 上海：上海人民出版社，2007.

［97］［美］爱德华·特纳. 技术的报复——墨菲法则和事与愿违［M］. 徐俊培，等译. 上海：上海科技教育出版社，1999.

［98］［美］波兹曼. 技术垄断：文明向技术投降［M］. 蔡金栋，梁薇，译. 北京：机械工业出版社，2013.

［99］［美］安德鲁·芬伯格. 技术批判理论［M］. 韩连庆，曹观法，译. 北京：北京大学出版社，2005.

［100］［奥］格于布勒. 技术与全球性变化［M］. 吴晓东，等译. 北京：清华大学出版社，2003.

［101］［美］刘易斯·芒福德. 技术与文明［M］. 陈允明，等译. 北京：中国建筑工业出版社，2009.

［102］［美］大卫·格里芬. 后现代科学——科学魅力的再现［M］. 马季方，译. 北京：中央编译出版社，1995.

［103］［美］史蒂芬·科尔. 科学的制造：在自然界与社会之间［M］. 林建成，王毅，译. 上海：上海人民出版社，2001.

［104］［英］W. C. 丹皮尔. 科学史［M］. 李珩，译. 北京：中国人民大学出版社，2010.

［105］［英］W. C. 丹皮尔. 科学史及其与哲学和宗教的关系［M］. 李珩，译. 桂林：广西师范大学出版社，2001.

［106］［美］R. 卡尔纳普. 科学哲学导论［M］. 张华夏，李平，译. 北京：中国人民大学出版社，2007.

［107］［英］庞廷. 绿色世界史：环境与伟大文明的衰落［M］. 王毅，译. 北京：中国政法大学出版社，2015.

［108］［美］诺里塔·克瑞杰. 沙滩上的房子——后现代主义者的科学神话曝光［M］. 蔡

仲，译. 南京：南京大学出版社，2003.

[109]［英］特德·本顿. 生态马克思主义［M］. 曹荣湘，李继龙，译. 北京：社会科学
文献出版社，2013.

[110]［印］萨拉·萨卡. 生态社会主义还是生态资本主义［M］. 张淑兰，译. 济南：山
东大学出版社，2008.

[111]［英］乔纳森·休斯. 生态与历史唯物主义［M］. 张晓琼，侯晓滨，译. 南京：江
苏人民出版社，2010.

[112]［美］罗伯特·金·默顿. 十七世纪英格兰的科学、技术与社会［M］. 范岱年，等
译. 北京：商务印书馆，2000.

[113]［英］罗斯·阿比奈特. 现代性之后的马克思主义——政治、技术与社会变革
［M］. 王维先，等译. 南京：江苏人民出版社，2010.

[114]［美］威廉·E. 伯恩斯. 知识与权力：科学的世界之旅［M］. 杨志，译. 北京：中
国人民大学出版社，2014.

[115]［美］詹姆斯·奥康纳. 自然的理由——生态学马克思主义研究［M］. 唐正东，臧
佩洪，译. 南京：南京大学出版社，2003.

[116]［美］卡洛琳·麦茜特. 自然之死——妇女、生态和科学革命［M］. 吴国盛，等
译. 长春：吉林人民出版社，1999.

[117]［美］保罗·法伊尔阿本德. 自由社会中的科学［M］. 兰征，译. 上海：上海译文
出版社，2005.

[118]［美］安德鲁·皮克林. 作为实践和文化的科学［M］. 柯文，伊梅，译. 中国人民
大学出版社，2006.

[119]［美］布莱恩·阿瑟. 技术的本质［M］. 曹东溟，王健，译. 杭州：浙江人民出版
社，2018.

三、期刊论文

[1] 陈征. 论现代科技劳动［J］. 福建论坛，2004（06）.

[2] 陈征. 深化对劳动和劳动价值理论的认识［J］. 高校理论战线，2001（10）.

[3] 李建平.《资本论》抽象形态劳动价值论的基本内容探索［J］. 福建师范大学学报
（哲学社会科学版），2015（05）.

［4］李建平. 大力开展文本研究，推进马克思主义理论的创新［J］. 福建师范大学学报（哲学社会科学版），2007（04）.

［5］陈永森."控制自然"还是"顺应自然"——评生态马克思主义对马克思自然观的理解［J］. 马克思主义与现实，2017（01）.

［6］陈永森，蔡华杰. 汽车的福与祸——国外学者对汽车社会的批判性思考及其启示［J］. 国外社会科学，2015（04）.

［7］陈永森. 克沃尔对资本反生态本性的思考［J］. 国外社会科学，2010（06）.

［8］蔡华杰. 论劳动和人与自然的关系——威廉·莫里斯的生态社会主义论析［J］. 当代世界社会主义问题，2009（03）.

［9］陈学明. 资本逻辑与生态危机［J］. 中国社会科学，2012（11）.

［10］余谋昌. 建设生态文明需要新的哲学和新的思维方式［J］. 鄱阳湖学刊，2010（01）.

［11］余谋昌. 发展生态技术 创建生态文明社会［J］. 中国科技信息，1996（05）.

［12］张云飞. 技术革命的生态方向［J］. 科学管理研究，1997（04）.

［13］卢风，费平. 技术、经济学、科学与哲学［J］. 清华大学学报（哲学社会科学版），2002（04）.

［14］郇庆治. 推进生态文明建设的十大理论与实践问题［J］. 北京行政学院学报，2014（04）.

［15］郇庆治，马丁·耶内克. 生态现代化理论：回顾与展望［J］. 马克思主义与现实，2010（01）.

［16］王雨辰. 从技术政治学到审美政治学——马尔库塞的政治哲学初探［J］. 国外社会科学，2009（01）.

［17］王雨辰. 技术批判与自然的解放——评西方生态学马克思主义的技术观［J］. 马克思主义研究，2008（04）.

［18］王雨辰. 制度批判、技术批判、消费批判与生态政治哲学——论西方生态学马克思主义的核心论题［J］. 国外社会科学，2007（02）.

［19］王雨辰. 技术祛魅与人的解放——评法兰克福学派的科技伦理价值观［J］. 哲学研究，2006（12）.

［20］方世南. 生态文明建设应警惕技术的反生态风险［J］. 甘肃理论学刊，2013（04）.

［21］陈文化，李立生. 马克思主义技术观不是"技术决定论"［J］. 科学技术与辩证法，2001（06）.

［22］陈文化，沈健，胡桂香. 关于技术哲学研究的再思考——从美国哲学家围绕技术问题的一场争论谈起［J］. 哲学研究，2001（08）.

［23］倪瑞华. 论马克思技术观的生态之维［J］. 中南财经政法大学学报，2010（02）.

［24］倪瑞华. "支配自然"还是"适应自然"——格伦德曼和本顿围绕马克思的"支配自然"思想之争［J］. 思想战线，2010（02）.

［25］王伯鲁. 马克思技术决定论思想辨析［J］. 自然辩证法通讯，2017（05）.

［26］王伯鲁. 马克思资本与技术融合思想解读［J］. 中国人民大学学报，2012（02）.

［27］李志强. 马克思的制度理论：技术决定论. 利益冲突论. 产权制度演进论［J］. 生产力研究，2001（01）.

［28］臧灿甲. 马克思之技术哲学基本思想初探——兼谈作为技术决定论的马克思之技术哲学［J］. 自然辩证法通讯，2003（05）.

［29］李三虎. 技术决定还是社会决定：冲突和一致——走向一种马克思主义的技术社会理论［J］. 探求，2003（01）.

［30］蔡敏，周端明. 技术是资本控制劳动的工具：马克思主义技术创新理论［J］. 贵州社会科学，2012（04）.

［31］王汉林，张倩芸. 略论技术的自然形成——基于马克思主义技术－自然观的研究［J］. 扬州大学学报（人文社会科学版），2016（03）.

［32］童美华，陈墀成. 马克思恩格斯论科技生态价值的背离与复归［J］. 福建行政学院学报，2018（03）.

［33］周晓敏，唐晓勇. 科技批判视域下的马克思绿色发展理念探析［J］. 西南民族大学学报（人文社科版），2016（07）.

［34］马佰莲. 马克思主义科学技术论研究三十年（1983—2013）［J］. 自然辩证法研究，2015（04）.

［35］郑飞. 马克思与技术批判［J］. 江苏社会科学，2016（05）.

［36］刘建涛，艾志强. 马克思考察科学技术的三重视阈论析［J］. 理论月刊，2016（07）.

［37］周晓敏，杨先农. 马克思科技批判精神对当代中国科技批判思想体系建构的启示

［J］. 四川师范大学学报（社会科学版），2017（05）.

［38］解保军. 马克思科学技术观的生态维度［J］. 马克思主义与现实，2007（02）.

［39］黄威威，秦书生. 马克思恩格斯的生态技术观及其当代价值［J］. 东北大学学报
（社会科学版），2010（03）.

［40］秦书生，王旭，王宽. 论中国马克思主义科学技术观的基本特征［J］. 科学经济社
会，2013（02）.

［41］许斗斗. 论马克思的生产、技术与生态思想［J］. 马克思主义研究，2015（05）.

［42］吴书林. 技术视阈下的"人化自然"与"世界"——马克思与海德格尔的比较［J］.
江西社会科学，2011（07）.

［43］陈秋云，陈墀成. 论绿色发展中顺应自然的科技路径——马克思恩格斯物质变换的
视角［J］. 生态经济，2016（06）.

［44］奚冬梅，隋学深. 技术的人性追求——马克思技术与社会伦理关系思想论析［J］.
理论月刊，2012（03）.

［45］秦龙，祝玲玲. 生态马克思主义技术生态转向的四维辨识［J］. 国外社会科学，2019
（6）.

［46］杨珺. 马克思技术观的环境伦理尺度［J］. 理论探索，2014（03）.

［47］程平. 价值·技术·制度：马克思生态思想的三重维度及其启示［J］. 理论与改革，
2011（04）.

［48］张蕾，郑文范. 论马克思主义科学技术与社会思想的双重维度及启示［J］. 重庆大
学学报（社会科学版），2014（04）.

［49］郝继松，韩志伟. 马克思现代技术批判的历史维度［J］. 学术研究，2014（08）.

［50］张首先. 马克思的技术价值观及其历史面向［J］. 理论与现代化，2014（04）.

［51］徐琴. 技术：全球生态的灾星抑或救星？——生态学马克思主义的启示与局限［J］.
哲学研究，2013（06）.

［52］郑忆石，丁乃顺. 马克思科学技术观的双重向度［J］. 新疆社会科学，2011（06）.

［53］毛牧然，陈凡. 论马克思的技术异化观及其现实意义［J］. 科学技术哲学研究，
2013（01）.

［54］牟焕森. 马克思与技术决定论研究［J］. 科学技术与辩证法，2002（03）.

［55］牟焕森. 国外学者视野中的马克思技术哲学思想［J］. 自然辩证法，2002（02）.

［56］牟焕森. 存在"马克思主义的技术决定论"吗？［J］. 自然辩证法研究，2000（09）.

［57］刘大椿. 马克思的科技审度及其意义［J］. 教学与研究，2018（04）.

［58］刘大椿. 马克思科技审度的三个焦点［J］. 天津社会科学，2018（01）.

［59］刘大椿. 马克思科技审度的历史实践视角［J］. 江海学刊，2018（01）.

［60］刘大椿. 审度：马克思科学技术观与当代科学技术论研究［J］. 中国人民大学学报，2018（01）.

［61］郭铁成. 习近平科技创新思想对马克思主义科技观的发展［J］. 人民论坛，2017（28）.

［62］刘红玉，彭福扬. 马克思技术创新思想再解读［J］. 湖南大学学报（社会科学版），2012（05）.

［63］李洪涛，翟源静. 马克思的辩证技术观［J］. 新疆大学学报（哲学·人文社会科学版），2012（05）.

［64］刘玉新. 科学技术批判与马克思的科学异化理论［J］. 贵州社会科学，2012（08）.

［65］王妍. 马克思恩格斯科学技术思想的逻辑展开［J］. 东北师大学报（哲学社会科学版），2013（04）.

［66］武文风，何自力. 马克思论技术进步与人的发展［J］. 当代经济研究，2013（04）.

［67］王治东，马超. 技术正义何以可能？——基于马克思对资本逻辑批判的考察［J］. 哲学分析，2020（01）.

［68］金瑶梅. 科学技术是意识形态吗？——两位西方马克思主义学者的不同回答［J］. 社会科学家，2012（05）.

［69］郭华. 生态学马克思主义的技术理性批判与范式重建探析［J］. 科学技术哲学研究，2018（04）.

［70］闵继胜. 资本积累、技术变革与农业生态危机——基于生态学马克思主义的视角［J］. 当代经济研究，2017（06）.

［71］刘富胜. 马克思的科学技术思想及其当代启示［J］. 自然辩证法研究，2018（10）.

［72］蒋谨慎. 生态学马克思主义对技术决定论的生态批判及其启示［J］. 江汉论坛，2018（10）.

［73］卢江. 马克思技术二重性批判理论研究——基于《资本论》及相关手稿的文本考证［J］. 马克思主义研究，2020（03）.

［74］唐永，范欣. 技术进步对经济增长的作用机制及效应——基于马克思主义政治经济学的视角［J］. 政治经济学评论，2018（03）.

［75］孙馨月. 马克思"技术与现代性"批判的当代价值［J］. 科学技术哲学研究，2020（05）.

［76］田冠浩. 技术革命与人的回归——基于对马克思哲学当代效应的一点思考［J］. 马克思主义与现实，2019（06）.

［77］孙周兴. 马克思的技术批判与未来社会［J］. 学术月刊，2019（06）.

［78］王嘉. 技术决定论与马克思技术哲学及其当代效应［J］. 广西大学学报（哲学社会科学版），2018（06）.

［79］练新颜，夏诗婷. 马克思的技术分析方法及其当代价值［J］. 科学技术哲学研究，2020（03）.

［80］高剑平，牛伟伟. 技术资本化的路径探析——基于马克思资本逻辑的视角［J］. 自然辩证法研究，2020（06）.

［81］刘日明. 马克思的现代技术之思［J］. 学术月刊，2020（04）.

［82］付文军. 《资本论》与马克思的技术批判［J］. 社会科学辑刊，2019（06）.

［83］程波. 马克思主义科技观的"绿色"维度［J］. 自然辩证法研究，2017（01）.

［84］郝伟，李桂花. 马克思"生存论"视域下的科技异化探析［J］. 社会科学家，2015（04）.

［85］丁泽勤. 世界科技进步的原因、趋势及其影响——马克思科技思想的现代解读［J］. 河南师范大学学报（哲学社会科学版），2014（04）.

［86］程宏燕. 现代工业化初期马克思恩格斯的科技文化思想［J］. 中国特色社会主义研究，2012（06）.

［87］王玉萍，黄明理. 论马克思主义的科技理性思想［J］. 求实，2012（11）.

［88］杨怀中，程宏燕. 马克思和恩格斯的科技文化观［J］. 哲学研究，2012（09）.

［89］陈彬. 当代现实形态的马克思主义科技观［J］. 理论学刊，2012（09）.

［90］何炼成，庄静怡. 马克思技术思想与当代科技创新关系刍议——基于生态视角的马克思技术观［J］. 理论学刊，2011（05）.

［91］高海艳，吴宁. 生态学马克思主义的科技伦理思想［J］. 江汉论坛，2011（03）.

［92］邹琨，程柏华. 马克思主义视域下的技术权力与规制［J］. 自然辩证法通讯，2020（02）.

［93］刘冠军. 现代科技劳动价值论的"对象域"与劳动力资本化研究——一种马克思主义经济哲学的考察［J］. 东岳论丛, 2011（01）.

［94］刘冠军. 科技具体劳动的马克思劳动价值论解读［J］. 齐鲁学刊, 2010（02）.

［95］刘冠军. 从马克思主义劳动价值论看科技价值的源泉［J］. 文史哲, 2002（01）.

［96］王英. 马克思科技的社会功能思想的特点［J］. 社会科学家, 2010（04）.

［97］孟宪平. 论马克思主义科技动力观及其价值［J］. 社会主义研究, 2010（02）.

［98］孟宪平. 马克思恩格斯视野中的科学技术力量分析［J］. 社会科学研究, 2017（06）.

［99］何林. 论生态学马克思主义的科技导向观［J］. 国外理论动态, 2008（12）.

［100］何林. 生态文明的科学技术支撑——戴维·佩珀的生态马克思主义科技观阐释［J］. 求是学刊, 2016（02）.

［101］马兰, 吴宁. 生态视域的科学技术——生态学马克思主义科技观述评［J］. 华中科技大学学报（社会科学版）, 2008（02）.

［102］陈爱华. 马克思《资本论》中的科技伦理观［J］. 东南大学学报（哲学社会科学版）, 2006（04）.

［103］刘立. 论马克思不是"技术决定论者"［J］. 自然辩证法研究, 2003（12）.

［104］李桂花. 论马克思恩格斯的科技异化思想［J］. 科学技术与辩证法, 2005（06）.

［105］杜新年. 我党三代领导人对马克思主义科技观的发展［J］. 社会主义研究, 2004（05）.

［106］盛卫国. 科技异化：马克思等人的观点［J］. 自然辩证法通讯, 2004（05）.

［107］吴元梁. 当代科技革命与马克思社会形态理论［J］. 河北学刊, 2004（01）.

［108］罗昌宏. 马克思、恩格斯的科技观［J］. 武汉大学学报（社会科学版）, 2001（05）.

［109］丁俊丽, 赵国杰, 李光泉. 对技术本质认识的历史考察与新界定［J］. 天津大学学报（社会科学版）, 2002（01）.

［110］金书秦, Arthur P. J. Mol. 生态现代化理论：回顾与展望［J］. 理论学刊, 2011（07）.

四、学位论文

［1］谢慧娟. 马克思主义科技观发展演进研究［D］. 兰州：兰州大学, 2019.

［2］郜军. 马克思恩格斯科技思想及其当代价值［D］. 苏州：苏州大学, 2018.

［3］王文敬. 西方马克思主义的科学技术价值观研究［D］. 大连：大连理工大学, 2018.

［4］周晓敏. 马克思科技批判思想研究［D］. 成都：西南交通大学，2016.

［5］董世龙. 马克思科学技术思想研究［D］. 武汉：华中师范大学，2015.

［6］曾静. 马克思恩格斯的科学技术思想及其当代价值［D］. 天津：南开大学，2014.

［7］刘皓. 马克思主义科技观研究［D］. 长春：吉林大学，2013.

［8］张媛媛. 科技的人本意蕴——马克思人与科技关系思想研究［D］. 长春：吉林大学，2013.

［9］武文风. 马克思技术进步理论研究［D］. 天津：南开大学，2013.

［10］程宏燕. 马克思恩格斯科技文化观研究［D］. 武汉：武汉理工大学，2012.

［11］管锦绣. 马克思技术哲学思想研究［D］. 武汉：武汉大学，2011.

［12］管晓刚. 马克思技术实践论思想研究［D］. 太原：山西大学，2010.

［13］郑选梅. 生态学马克思主义科技观研究［D］. 福州：福建师范大学，2010.

［14］郑博. 马克思科技观的生态维度研究［D］. 重庆：西南大学，2017.

五、外文文献

［1］Robyn Eckersley. Socialism and Ecocentrism［M］. New York and London：The Guilford Press，1996.

［2］Kate Soper. Greening Prometheus：Marxism and Ecology［M］. New York and London：The Guilford Press，1996.

［3］Reiner Grundmann. Marxism and Ecology［M］. UK：Oxford University Press，1991.

［4］Paul Burkett. Marx and Nature［M］. Hampshire：Macmillan Press，1999.

［5］John Bellamy Foster. Marx's Ecology – Materialism and Nature［M］. New York：Monthly Review Press，2000.

［6］Jurgen Habermas. Technology and Science as Ideology［M］. Bosten：Beacon Press，1970.

［7］Andre Gorz. Ecology as Politics［M］. Pluto Press，1983.

［8］Ted Benton. Marxism and natural limits：an ecological critique and reconstruction［J］. New left review，1989.

［9］Joseph Huber. Pioneer Countries and the Global Diffusion of Enviroment Innovations：Theses from the Viewpoint of Ecological Modernisation Theory［J］. Global Environment Change，2008.

后 记

本书是由本人的博士毕业论文修改而成。

"书犹药也，善读之可以医愚。"怀着对知识的渴望，我作为一名工科生转向了马克思主义理论的学习。光阴荏苒，努力备考的经历还恍如昨日，如今已经接近求学经历的尾声。回首四年的读书生涯，苦涩与甘甜相随，付出与收获相伴。思绪万千之时，有太多的感谢需要言语。

深深感谢我的导师陈永森教授！尚未谋面之时，早已听闻陈老师深厚的学术功底、严谨的治学态度、温和的待人性情。第一次与陈老师的见面，是在福建师范大学人文楼的孔子像前，虽是匆匆一面，但一位和蔼可亲好老师的形象已深深印在我的心底。之后，有幸成为师门的一份子，更是与陈老师结下了深深的师生情缘。由于我学术基础薄弱，陈老师一开始就建议我增加基础课程的学习，夯实自身的理论基础。在整篇毕业论文的写作过程中，从论文题目的多次修改，到论文提纲的逻辑调整，再到论文内容的细致写作，无不倾注了老师的谆谆教诲。对我而言，毕业论文的写作无疑是困难的，每当心中充满疑惑，老师的耐心指导都会让我豁然开朗。此外，由于求学期间没有经济来源，家庭负担较重，陈老师时常关心我的生活情况，这让我感到非常温暖。可以说，没有陈老师的指导与帮助，就没有我的成长与进步。在此，我要再次深深地感谢我的导师陈永森教授！谢谢老师，您辛苦了！

深深感谢导师组的众位导师！李建平教授、赖海榕教授、郑传芳教授、苏振芳教授、许耀桐教授、潘玉腾教授、王建南教授、刘大可教授、傅慧芳教授、杨建义教授、陈志勇教授、杨林香教授、曾盛聪教授、陈桂蓉教授、吴宏洛教授、黄晓辉教授、林旭霞教授、张莉教授、杨立英教授、蔡华杰教授对我课程学习、论文开题、中期检查、预答辩，给予了非常可贵的指导，让我受益终生。

深深感谢班级同学和我的好友！在学习过程中，同学王有加为我查阅资料提供了很大的帮助，宋凌迁经常为我的学术研究提供有益的指点，梁飞琴作为同门经常给予鼓励，陈虹在临近毕业之际经常关心我的论文完成情况。2017级所有同学的同窗之情，带给我许多快乐和回忆！好友汪锦明在我读书期间经常关心我的日常生活，这份长年的友情让我感动于心！

最后，深深感谢我的家人！正是他们的无私付出让我能够专注于学业。感谢我的爱人李璐，在我艰难的读博生涯中给予了无微不至的关怀和鼓励。感谢我的岳母邓桂花，承担了家庭所有的家务琐事，辛苦照顾新出生的宝宝，让我得以安心学习。感谢我的母亲孙桂荣，是她含辛茹苦把我培养成人。感谢我的大姨孙桂芝、大姨父赵春凯，我自小就受到他们的悉心指导和关怀。感谢家中新降临的天使宝宝王允中，他给全家带来了无尽的欢乐，希望他能够茁壮成长，谱写自己未来的精彩人生！

师恩、友情、亲情，都是我的感激之情！要感谢的人还很多，虽不能一一提及，但我会铭记于心。未来我将背上行囊，扬帆远航，继续追逐梦想！

2024 年 12 月